职业教育赛教一体化课程改革系列规划教材

U0310377

网络综合布线

WANGLUO ZONGHE BUXIAN

王　斌　李安邦　主　编

王　勇　罗　鹏　熊　伟　冉柏权　副主编

中国铁道出版社有限公司

CHINA RAILWAY PUBLISHING HOUSE CO., LTD.

内 容 简 介

本书以国家标准《综合布线系统工程设计规范》（GB 50311—2016）和《综合布线工程验收规范》（GB 50312—2016）为基本依据，结合近年来国内外综合布线技术方面的新标准，编写时从满足经济和技术发展对高素质劳动者和技能型人才的需要出发，紧紧围绕职业教育的培养目标，本着“以职业能力培养为主，知识与能力并重”的编写原则，将“以职业活动为导向，以职业技能为核心”的理念贯穿其中。读者可以在阅读本书时同步进行实训，进而掌握综合布线工程从设计、施工、测试到验收过程中所涉及的基本知识和各项技术。

阅读本书可帮助读者积累实战经验，缩短从理论到实践的距离。所有内容以企业网络综合布线工程为基本工作情境，按照综合布线工程的实际流程展开，将综合布线系统的相关知识融入各项技能的学习中。叙述由浅入深、循序渐进；内容详尽图文并茂、重点突出、层次结构合理，重点强调了理论与工程设计的结合、实训与考核的结合。部分内容在讲解布线系统相关理论的同时，附有大量的实物图例、操作图例，以及施工技巧和经验，并给出了行业典型应用案例。

本书既可作为中高职院校网络综合布线技术课程的教材，也可供各级计算机技能大赛训练参考使用。

图书在版编目（CIP）数据

网络综合布线/王斌，李安邦主编.—北京：中国铁道出版社有限公司，2019.8（2023.1重印）
职业教育赛教一体化课程改革系列规划教材
ISBN 978-7-113-25812-2

Ⅰ.①网…　Ⅱ.①王…　②李…　Ⅲ.①计算机网络-布线-高等职业教育-教材　Ⅳ.①TP393.03

中国版本图书馆CIP数据核字（2019）第178735号

书　　名：网络综合布线
作　　者：王　斌　李安邦

策　　划：徐海英　　　　　编辑部电话：（010）63551006
责任编辑：王春霞　鲍　闻
封面制作：刘　颖
责任校对：张玉华
责任印制：樊启鹏

出版发行：中国铁道出版社有限公司（100054，北京市西城区右安门西街8号）
网　　址：http:// www.tdpress.com/51eds/
印　　刷：北京铭成印刷有限公司
版　　次：2019年8月第1版　2023年1月第4次印刷
开　　本：850 mm×1 168 mm 1/16　印张：11.25　字数：275千
书　　号：ISBN 978-7-113-25812-2
定　　价：36.00元

版权所有　侵权必究

凡购买铁道版图书，如有印制质量问题，请与本社教材图书营销部联系调换。电话：（010）63550836

打击盗版举报电话：（010）63549461

前　言

为认真贯彻落实教育部实施新时代中国特色高水平高职学校和专业群建设，扎实、持续地推进职校改革，强化内涵建设和高质量发展，落实双高计划，抓好2019年职业院校信息技术人才培养方案实施及配套建设，在湖北信息技术职业教育集团的大力支持下，武汉唯众智创科技有限公司统一规划并启动了“职业教育赛教一体化课程改革系列规划教材”（《云计算技术与应用》《大数据技术与应用Ⅰ》《网络综合布线》《物联网.NET开发》《物联网嵌入式开发》《物联网移动应用开发》），本书是“教育教学一线专家、教育企业一线工程师”等专业团队的匠心之作，是全体编委精益求精，在日复一日年复一年的工作中，不断探索和超越的教学结晶。本书教学设计遵循教学规律，涉及内容是真实项目的拆分与提炼。全书内容围绕实现网络综合布线模型系统施工为中心，并适当扩展当前网络工程施工必备的基本技能，项目和任务坚持“以技能操作培养为中心，理论知识够用”的原则组织编写。

全书以工作过程为导向，采用任务驱动模式，分项目介绍网络综合布线系统、网络综合布线工具的使用、网络综合布线工程基本技术、网络综合布线系统工程设计、网络综合布线系统工程施工、网络综合布线系统工程施工等方面的知识，全书突出网络综合布线技术的学习与实践训练，通过实施和操作，完成对相关知识和技能的学习与掌握，最后提供两套技能大赛模拟试题供读者练习使用。

本书由湖北职业技术学院的王斌、武汉软件工程职业学院的李安邦担任主编；湖北城市建设职业技术学院王勇、仙桃职业学院罗鹏、荆州机械电子工业学院熊伟、武汉唯众智创科技有限公司冉柏权担任副主编。本书具体编写分工如下：王斌编写了项目一；李安邦编写了项目二；王勇编写了项目三；罗鹏编写了项目四；熊伟编写了项目五；冉柏权编写了项目六；全书由王斌统稿。

由于编者水平有限，书中难免存在不妥之处，希望广大师生和读者提出宝贵意见。

编　者

2019年6月

目　录

项目一 认识网络综合布线系统

学习目标

知识目标

- 掌握综合布线的概念。
- 掌握综合布线系统的组成。
- 熟悉综合布线系统标准。
- 掌握网络传输介质的分类及特性。
- 熟悉常用网络连接设备、网络传输介质及网络连接器件。

能力目标

- 能够结合实际网络综合布线工程，列出涉及的子系统和相关内容。
- 熟悉常用网络连接设备、网络传输介质及网络连接器件。
- 熟悉常用网络综合布线材料。

网络综合布线系统的兴起与发展是计算机网络、信息技术应用进一步发展的结果，它是在计算机网络技术和通信技术结合建筑技术的基础上发展的一个多学科交叉的工程技术，它涉及物理、通信、计算机、控制、建筑等许多理论和技术问题。

网络综合布线系统是一种模块化、灵活性极高的建筑物内或建筑群之间的信息传输通道。它既能使语音、数据、电视、报警、监控、图像设备和交换设备与其他信息系统彼此相连，也能使这些设备与外部通信网络相连。它还包括建筑物外部网络或电信线路的连接点以及应用系统设备之间的所有线缆及相关连接部件。

网络综合布线通常由不同种类和规格的部件组成，其中包括：传输介质、连接配件（如配线架、连接器、插座、插头、适配器等）、网络设备（交换机、路由器等）及电气保护设备等。这些部件可构建为各种子系统，各个子系统各自具有具体用途和应用标准，它们不仅易于实施安装，而且能随需求的变化而变化升级。

任务一 认识网络综合布线系统

任务描述

计算机网络已经普遍存在于人们的工作生活中，许多学校、居民小区、企事业单位都建设有计算机网络系统，在计算机网络系统中布线系统是基础系统，它承担网络系统中信息连接。本任务是在指导老师或网络管理员的指导下，实地考察企事业单位综合布线系统。

任务分析

进行考察，首先要掌握考察内容，网络综合布线系统考察内容如表 1-1 所示。

表 1-1 网络综合布线系统考察项目

编号	考察项目	考察内容
1	基本情况	建筑物位置、面积、层数、功能用途、建筑物的结构
2	工作区子系统	工作区位置、面积、信息插座的配置数量、类型、安装位置及跳线长度
3	水平子系统	线路路由及布线方式、线缆、线槽类型、规格、数量
4	管理间子系统	管理间位置、面积和设备配置
5	垂直子系统	线槽、线缆的类型、规格和数量、线槽敷设方式
6	设备间子系统	设备间位置、环境，使用的设备名称、规格，设备的连接情况
7	建筑群子系统 进线间子系统	线缆类型、规格和数量、线缆敷设方式

完成本任务，需要按照网络综合布线系统考察项目，对应考察内容逐一考察记录。

这里以武汉唯众企业园区网络综合布线系统为实例，重点对武汉唯众企业园区网络综合布线系统的工作区子系统、水平子系统、管理间子系统、垂直子系统、设备间子系统、进线间子系统进行详细介绍。读者应根据所能接触到的实际网络综合布线系统，在指导教师或熟悉本网络的网络管理员的指导下按照任务实施进行考察学习。

任务实施

一、网络综合布线系统基本情况考察

网络综合布线系统基本情况可以通过网络综合布线系统基本情况介绍会，或者通过查看网络综合布线系统结构图，并进行实地考察、在熟悉本网络综合布线系统人员的介绍下进行考察、记录。考察主要内容有：

① 网络综合布线基本情况，包括网络建设基本情况、发展历史等。

② 建筑物平面结构，包括建筑物的位置、分布、建筑物之间的网络连接方式、外网进线位置、方式等。

③ 建筑物基本情况，包括建筑物的面积、层数、结构、功能用途、信息点的布置、数量等。

1. 网络综合布线基本情况

唯众企业园区网络系统最早建设于 1998 年，企业园区网络综合布线系统分别于 2006 年和 2011 年进行了改造升级，经过 20 多年的发展，全园信息点共有 4 000 多个，并预留 2 000 多个信息点，光纤已接入各栋楼，重点区域光纤已接入室内、桌面。

2. 建筑物基本情况

建筑物基本情况考察样表如表 1-2 所示。主要包括建筑物的面积、层数、功能用途、信息点的布置、数量等。

表 1-2　建筑物基本情况考察样表

建筑物名称	面积	层数	功能用途	管理间位置	设备间数量位置	信息点数量
建筑物 1			可分层说明			
建筑物 2						
……						

建筑物基本情况实例如表 1-3。

表 1-3　建筑物基本情况表实例

建筑物名称	面积 /m^2	层数	功能用途	管理间数量位置	设备间位置	信息点数量
综合楼	500	9	1 楼：印刷实训室	1 楼东竖井壁挂机柜	机房中心	12
	500		2 楼：办公室	2 楼东竖井立式机柜		32
	1 500		3、4、5 楼：教室	各楼东竖井壁挂机柜		42
	1 500		6、7、8 楼：机房	数量：16 位置：各机房		800
	150		机房中心	机房中心		18
……						

二、工作区子系统考察

工作区子系统考察包括：

① 认识工作区子系统，包括工作区的概念、结构、范围、工作区子系统环境；

② 工作区的位置、大小、信息点安装位置、数量；

③ 工作区材料统计。

1. 认识工作区子系统

工作区子系统是指需要设置终端设备的独立区域，一般一个终端区域划分为一个工作区，在实际工程应用中一个网络插口为一个独立的工作区，也就是一个网络模块对应一个工作区。工作区可支持电话机数据终端、计算机、电视机、打印机、复印机、考勤机网络终端设备。它包括信息插座、信息模块、网卡和连接所需的跳线。典型的工作区子系统如图 1-1 所示。

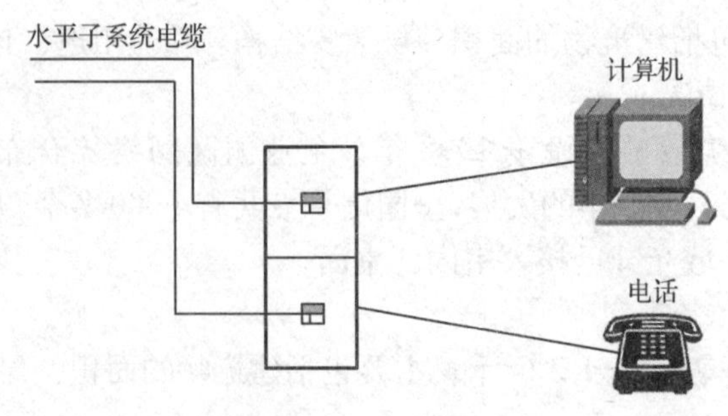

图 1-1　工作区子系统

工作区子系统环境实例如图 1-2 所示。

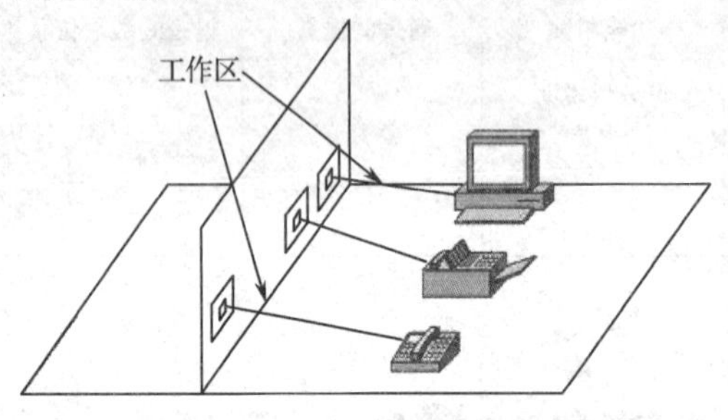

（a）信息插座与终端连接

（b）计算机终端（正面）

图 1-2　工作区子系统环境实例

2. 楼层信息点分布、统计

这里仅以唯众办公综合楼 3、4、5 楼楼层信息点分布、统计为实例进行介绍。

楼层信息点分布平面图实例如图 1-3 所示。

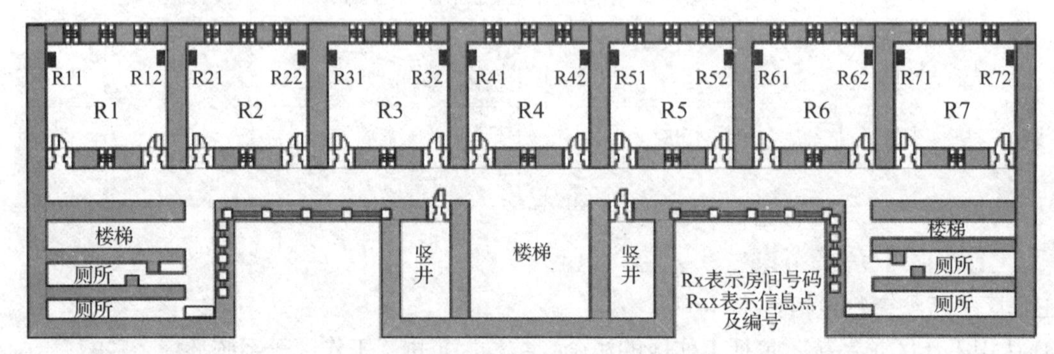

图 1-3　楼层信息点分布平面图实例

楼层信息点统计表如表 1-4 所示。

表 1-4　楼层信息点统计表

房号	R1	R2	R3	R4	R5	R6	R7	总计
3 楼	2	2	2	2	2	2	2	14
4 楼	2	2	2	2	2	2	2	14
5 楼	2	2	2	2	2	2	2	14

3. 工作区材料统计

工作区材料统计表如表 1-5 所示。

表 1-5　工作区材料统计表

材料名称	材料规格	数　量	备　注
底盒	明装，86 系列塑料	42	
面板	单口，86 系列塑料	42	
网络模块	超五类非屏蔽模块	42	
跳线	RJ-45 转 RJ-45，3m	42 根	超五类非屏蔽

工作区材料统计表反映工作区子系统建设需要的器件、材料。

三、水平子系统考察

水平子系统考察包括：

① 认识水平子系统，包括水平子系统概念、结构、范围、水平子系统环境；

② 线路路由，表明线路的走向；

③ 水平子系统材料统计，包括线缆、线槽类型、规格、数量。

1. 认识水平子系统

水平子系统是指从信息插座到楼层管理间（FD-TO）的部分，水平子系统的一端连接到工作区的信息插座上，另一端与管理间子系统相连。它包括属于工作区的信息插座及工作区与管理间子系统之间的所有线缆、连接硬件（配线架、跳线架及跳线等）及附件。水平子系统结构，如图 1-4 所示。

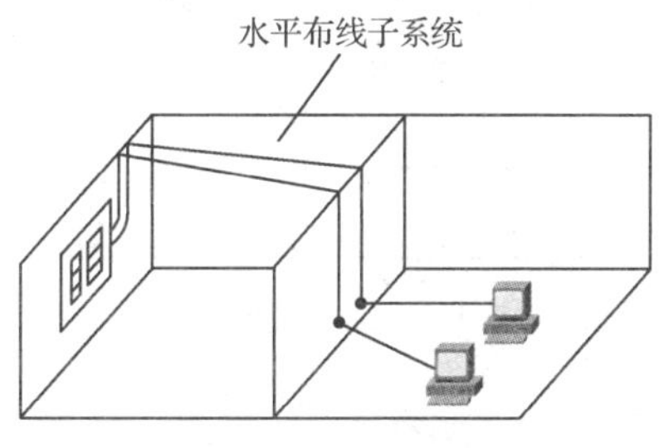

图 1-4　水平子系统

水平子系统实例如图 1-5 所示。

(a) 金属线槽

(b) 塑料线槽

图 1-5　水平子系统实例

2. 线路路由

线路路由（楼层水平系统）示意图如图 1-6 所示。

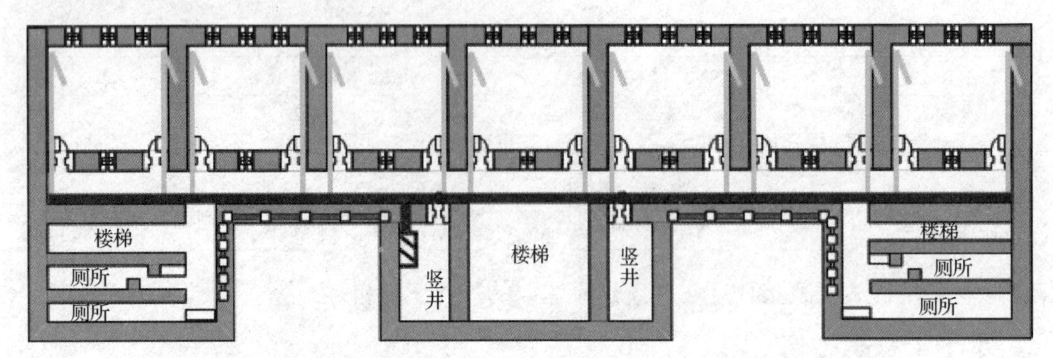

图 1-6 线路路由（楼层水平子系统）示意图实例

图 1-7 在楼层信息分布平面图的基础上示意出水平线路的走线方向。

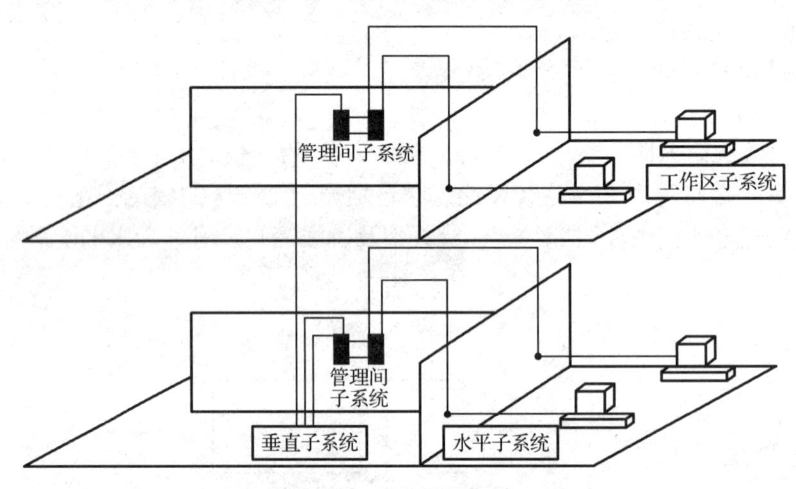

图 1-7 工作区子系统

3. 水平子系统材料统计

水平子系统材料统计表实例如表 1-6 所示。

表 1-6 材料统计表实例

材料名称	材料规格	数量(一层楼)	备注
塑料线槽	PVC40 × 10	32 根	2 m/ 根
金属线槽	100 × 50	30 根	4 m/ 根
双绞线	UTP-CAT5E	1 箱	305 m/ 箱

四、管理间子系统考察

管理间子系统考察包括：

① 认识管理间子系统，包括管理间子系统概念、结构、范围、管理间子系统环境；

② 设备配置，包括设备名称、类型、规格、数量等；

③ 标识管理，包括信息点标识、端接端标识。

1. 认识管理间子系统

管理间子系统是每楼层的配线间，管理间子系统由数据、光缆终端盒、接入层交换机、光铜转换模块、语音配线架、网络布线配线系统和其他有关的通信设备等组成；主要功能是将垂直子系统与各楼层的水平子系统相互连接，包括工作区信息插座、配线端接的标识管理。管理间子系统与垂直子系统、水平子系统的连接，如图 1-7 所示。

管理间子系统实例如图 1-8 所示。

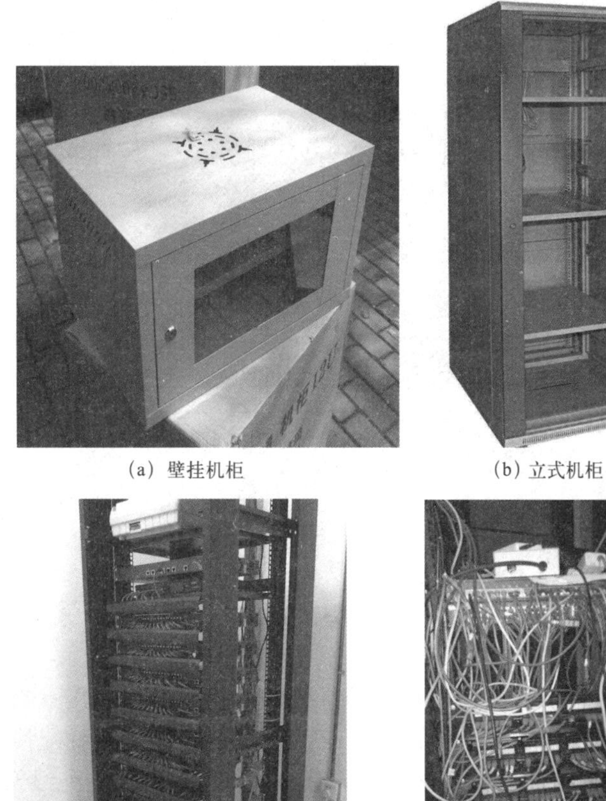

（a）壁挂机柜　　（b）立式机柜

（c）机柜内部连接实例（规范）　　（d）机柜内部连接实例（不规范）

图 1-8　管理间子系统实例

2. 设备配置

管理间常用设备包括机柜、接入层交换机、语音配线架、网络配线架、光缆终端盒、接入层交换机、光铜转换模块、理线架等。设备配置（管理间子系统）实例如表 1-7 所示。

表 1-7　楼层管理间设备清单实例

设备名称	规　格	数　量	备　注
机柜	12U，600 × 600	1	位置：4 楼，壁挂
交换机	二层交换机	1	
光收发一体模块	SFP、单模、1310、LC 接口	1	
光缆终端盒	19 英寸[①]，机架式、12 口	1	
网络配线架	19 英寸，机架式、12 口	1	
理线架	19 英寸，机架式、12 口	1	

① 1 英寸 =2.54 cm。

3. 标识管理

标识管理实例如图 1-9 所示。

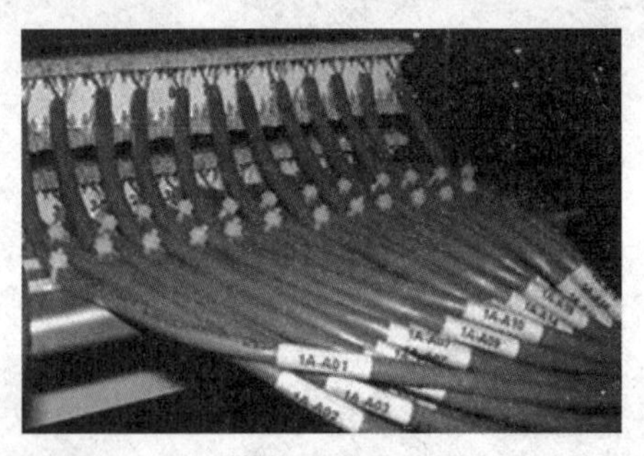

图 1-9　标识管理实例

五、垂直子系统考察

垂直子系统考察包括：

① 认识垂直子系统，包括垂直子系统概念、结构、范围及环境；

② 垂直子系统材料统计，包括线缆、线槽类型、规格、数量等。

1. 认识垂直子系统

垂直子系统是指从管理间子系统到设备间子系统的连接，一般使用 6 类双绞线、大对数电缆或光纤，两端分别连接在管理间（楼层配线间）子系统和设备间（楼栋配线间）子系统的配线架上。它包括管理间子系统和设备间子系统之间的所有线缆、连接硬件（配线架、跳线架及跳线等）及附件。垂直子系统如图 1-10 所示。

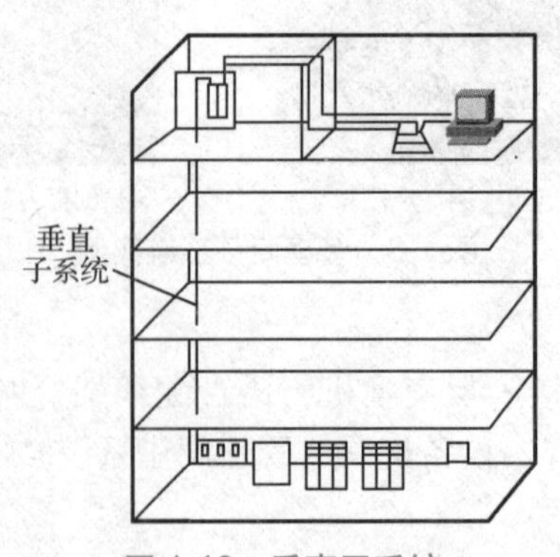

图 1-10　垂直子系统

垂直子系统实例如图 1-11 所示。

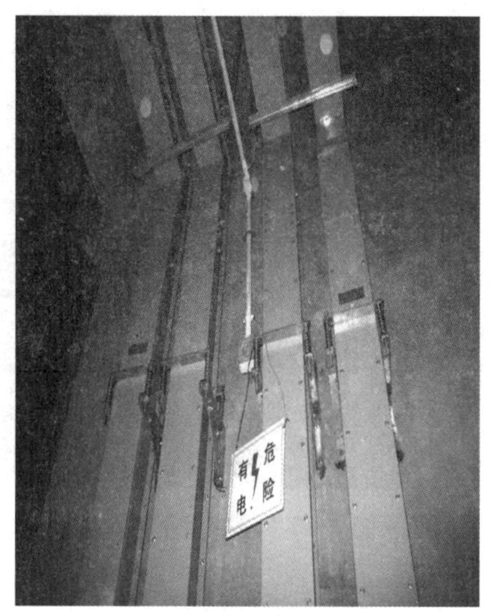

（a）金属槽敷设

（b）地板架空敷设

图 1-11　垂直子系统实例

2. 垂直子系统材料统计

垂直子系统材料统计如表 1-8 所示。

表 1-8　材料统计表实例

材料名称	材料规格	数量 /m	备　注
塑料线槽	PVC　40 × 20	10	
金属线槽	100 × 50	100	
大对数电缆	5 类 25 对	200	
光缆	室内，单模，8 芯	200	

六、设备间子系统考察

设备间子系统考察包括：

① 认识设备间子系统，包括设备间子系统概念、结构、范围、设备间子系统环境；

② 设备配置，包括设备名称、类型、规格、数量等。

1. 认识设备间子系统

设备间子系统是在每栋建筑物适当地点进行网络管理和信息交换的场地，通常由电缆、连接器和相关支撑硬件组成，通过缆线把各种公用系统设备互连起来。设备间子系统的主要设备有计算机网络设备、服务器、防火墙、路由器、交换机、楼宇自控设备主机等。实际应用中设备间子系统一般称为网络中心或机房，其位置和大小应该根据系统分布、规划以及设备的数量来具体确定。设备间子系统示意如图 1-12 所示。

设备间子系统实例如图 1-13 所示。

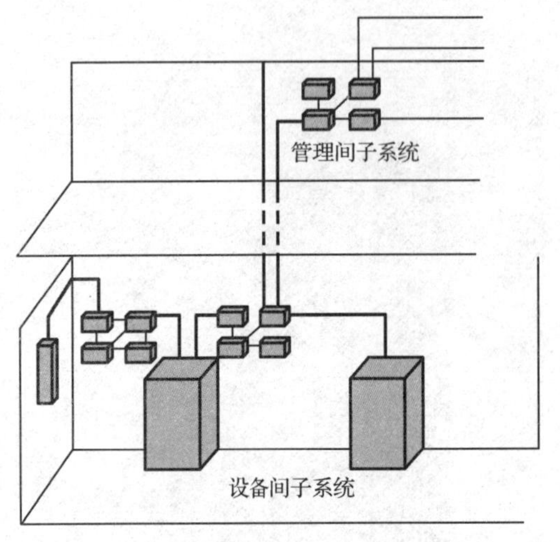

图 1-12　设备间子系统示意图

图 1-13　设备间子系统实例环境

2. 设备配置

设备间设备配置实例如表 1-9 所示。

表 1-9　设备间设备表实例

设备名称	规　格	数　量	备　注
机柜	42U，600 mm × 600 mm × 400 mm	4	位置：4 楼，壁挂
光收发一体模块	1310、单模、SFP、LC 光接口	1	
路由器	4 个 GE 口、2 个串口	2	
防火墙	4 个 GE 口、带 VPN	1	
交换机	24 个 GE 口、4 个光口	3	
光收发一体模块		1	
光缆终端盒	SC 接口；8 口	3	

七、建筑群子系统和进线间子系统考察

建筑群子系统和进线间子系统考察包括：

① 认识建筑群子系统和进线间子系统；

② 建筑群子系统和进线间子系统实地考察，包括建筑群间线缆敷设方式、使用线缆类型、进线间位置、环境等。

1. 认识建筑群子系统和进线间子系统

建筑群子系统也称为楼宇子系统，主要实现楼与楼之间的通信连接，一般采用光缆并配置相应设备，它包括楼宇之间通信所需的硬件，包括缆线、端接设备和电气保护装置。

进线间是建筑物外部通信和信息管线的入口部位，并作为入口设施和建筑群配线设备的安装场地。满足多家运营商业务需要。

建筑群子系统和进线间子系统示意图如图 1-14 所示。

2. 建筑群子系统和进线间子系统实地考察

建筑群间线缆一般使用数据电缆或光缆，敷设方式常用架空敷设、地下管道或地沟敷设。实例建筑群子系统建筑群间使用光缆连接，线缆敷设方式使用地下管道敷设。

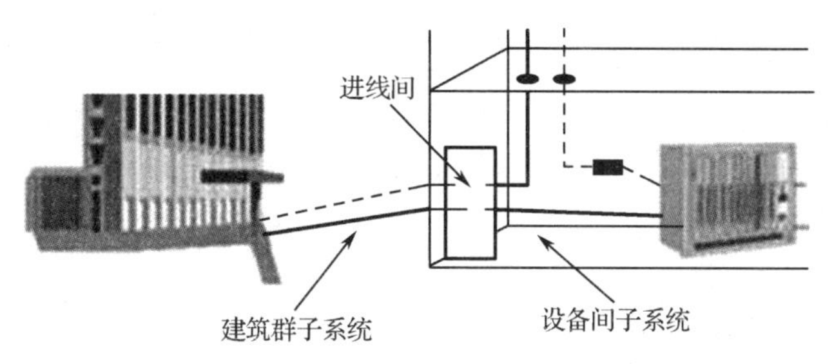

图 1-14　建筑群子系统和进线间子系统示意图

一般一个建筑物设置一个进线间，同时提供给多家电信运营商和业务提供商使用。在不具备设置单独进线间，或入楼电缆、光缆数量及入口设施较少的建筑物也可以在入口处采用挖地沟或使用较小的空间完成缆线的成端与盘长。进线间应满足缆线的敷设路由、成端位置及数量、光缆的盘长空间和缆线的弯曲半径、充气维护设备、配线设备安装所需要的场地空间和面积。实例无单独进线间，缆线的成端与盘长布置于设备间。

相关知识

一、综合布线系统概述

随着计算机技术和通信技术的发展，为了适应信息化建设的需要，兴起了建筑物综合布线系统，它是办公自动化进一步发展的结果。

1. 综合布线系统基本概念

综合布线系统（Premises Distribution System，PDS）是建筑与建筑群综合布线系统的简称，它是指一幢建筑物内（或综合性建筑内）或建筑群体中的信息传输媒介系统，它将相同或相似的缆线（如双绞线、同轴电缆或光缆）以及连接硬件（如配线架）按一定关系和通用秩序组合，集成为一个具有可扩展性的柔性整体，构成一套标准规范的信息传输系统。

综合布线系统是一种标准通用的信息传输系统的规范，它通常对建筑物内各种系统（网络系统、电话系统、报警系统、电源系统、照明系统、监控系统等）所需的传输线路统一进行编制、布置和连接，形成完整、统一、高产、兼容的建筑物布线系统。

2. 综合布线系统的特点

综合布线系统的特点如表 1-10 所示。

表 1-10　综合布线系统特点

特点	主要内容
实用性	适应现代和未来通信技术的发展，并且实现话音、数据通信等信号的统一传输
灵活性	任一信息点能够连接不同类型的终端设备，如电话、打印机、计算机终端、电传真机、各种传感器件，以及图像监控设备等
模块化	除固定于建筑物内的水平缆线外，其余所有的接插件都是基本式的标准件，可与所有话音、数据、图像、网络和楼宇自动化设备互联，以方便使用、搬迁、更改、扩容和管理
扩展性	可扩充的，以便将来有更大的用途时，很容易将新设备扩充进去
经济性	管理人员减少；模块化的结构，大大降低了日后因更改或搬迁系统时的费用
通用性	适应符合国际通信标准的各种计算机和网络拓扑结构，对不同传递速度的通信要求均能适应，可以支持和容纳多种计算机网络的运行

二、综合布线系统标准

目前我国布线行业主要参照国际标准（ISO/IEC）、北美标准、欧洲标准、国家标准、国内行业标准及相应的地方标准进行布线工程的整体实施。常用标准主要有：国内标准、ISO/IEC 国际标准、北美标准、欧洲标准。

1. 我国标准

我国综合布线主要标准如表 1-11 所示。

表 1-11　我国综合布线主要标准

GB 50311—2016	综合布线系统工程设计规范
GB 50312—2016	综合布线系统工程验收规范
YD/T 926.1—2009	大楼通信综合布线系统
YD/T 926.2—2009	大楼通信综合布线系统（线缆部分）
YD/T 926.3—2009	大楼通信综合布线系统（连接器件部分）
GB 50174—2008	电子信息系统机房设计规范
GB 21671—2008	基于以太网技术的局域网系统验收测评规范
GB/T 22239—2008	信息系统安全等级保护基本要求

2. ISO/IEC 国际标准

国际标准化组织 (ISO) 和国际电工委员会 (IEC) 制定的综合布线主要标准如表 1-12 所示。

表 1-12　ISO/IEC 国际标准综合布线主要标准

ISO/IEC 11801 版本 2.2	信息技术—用户楼宇通用布线
ISO/IEC 15018 版本 1.0	信息技术—家用通用布线
ISO/IEC 24702 版本 1.0	信息技术—工业楼宇通用布线
ISO/IEC 24764 版本 1.0	信息技术—数据中心通用布线
ISO/IEC 14763-2 版本 1.0	信息技术—用户建筑群布缆的实施和操作—第 2 部分：设计和安装
ISO/IEC 14763-3 版本 1.1	用户建筑群布缆的实现和操作—第 3 部分：光缆布线的测试

3. 北美标准

北美综合布线主要标准如表 1-13 所示。

表 1-13　北美综合布线主要标准

TIA-568-C.0—2009	用户建筑群通用电信布线标准
TIA-568-C.1—2009	商用楼宇电信布线标准
TIA-1179—2010	医疗保健设施电信基础设施
TIA-4966—2014	教育设施电信基础设施标准
TIA-1152—2009	平衡双绞线的现场测试仪器和测量值要求
TIA-526-14-B—2010	多模光缆设备的光功率损耗测量

4. 欧洲标准

欧洲综合布线主要标准如表 1-14 所示。

表 1-14　欧洲综合布线主要标准

EN 50173 系列	信息技术—通用布线系统
EN 50174 系列	信息技术—布线安装

三、综合布线系统的组成

按照综合布线国家标准《综合布线系统工程设计规范》(GB 50311—2016)，综合布线系统根据其组成部分不同分为 7 个子系统：

① 工作区子系统。

② 水平（配线）子系统。

③ 管理间子系统。

④ 垂直（干线）子系统。

⑤ 设备间子系统。

⑥ 进线间子系统。

⑦ 建筑群子系统。

其组成结构，如图 1-15 所示。

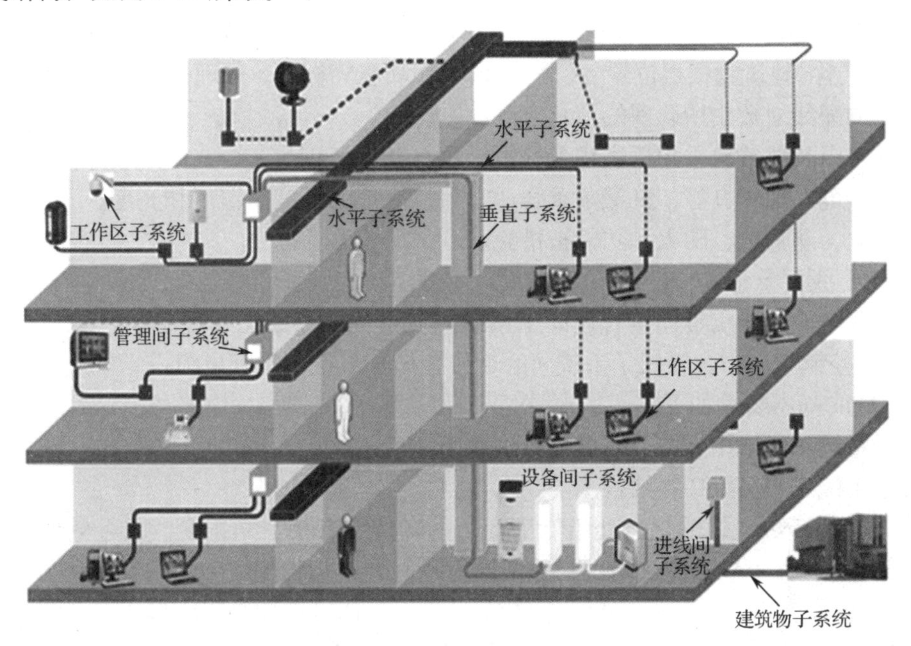

图 1-15　综合布线系统组成结构图

这 7 个子系统有机地组合在一起，构成一个完整的、开放的布线系统，基本上覆盖了一个楼宇或一个建筑群的所有弱电系统。每一个子系统都是一独立的模块，更改其中的任何一个子系统都不会影响到其他子系统。这种模块化设计理念，使得新增配线不致影响原有的系统，既可使系统具有很大的灵活性，又可以保护已有的投资。

1. 工作区系统

工作区子系统又称为服务区子系统，它是由跳线与信息插座所连接的设备组成。其中信息插座包括墙面型、地面型、桌面型等，常用的终端设备包括计算机、电话机、传真机、报警探头、摄像机、打印机、复印机、考勤机网络终端设备等。工作区子系统的基本要求如下：

① 从 RJ-45 插座到计算机等终端设备间的连线宜用双绞线，且不要超过 5 m。

② RJ-45 插座宜首先考虑安装在墙壁上或不易被触碰到的地方。

③ RJ-45 信息插座与电源插座等应尽量保持 20 cm 以上的距离。

④ 对于墙面型信息插座和电源插座，其底边距离地面一般应为 30 cm。

2. 水平（配线）子系统

水平（配线）子系统由工作区信息插座到楼层管理间连接缆线、配线架、跳线等组成。水平（配线）子系统的基本要求如下：

① 确定介质布线方法和缆线的走向。

② 双绞线的长度一般不超过 90 m。

③ 尽量避免水平线路长距离与供电线路平行走线，应保持一定的距离（非屏蔽缆线一般为 30 cm，屏蔽缆线一般为 7 cm）。

④ 缆线必须走线槽或在天花板吊顶内布线，尽量不走地面线槽。

⑤ 如在特定环境中布线要对传输介质进行保护，使用线槽或金属管道等。

3. 管理间子系统

管理间是专门安装楼层机柜、配线架、交换机的楼层管理间。管理间交接区应有良好的标记系统，如建筑物名称、建筑物楼层位置、区号、起始点和功能等标志。管理间子系统的基本要求如下：

① 配线架的配线对数由所管理的信息点数决定。

② 进出线路以及跳线应采用色表或者标签等进行明确标识。

③ 供电、接地、通风良好、机械承重合适，保持合理的温度、湿度和亮度。

④ 采取防尘、防静电、防火和防雷击措施。

4. 垂直（干线）子系统

垂直（干线）子系统负责连接管理间子系统到设备间子系统，实现主配线架与中间配线架，计算机、PBX、控制中心与各管理子系统间的连接，该子系统由垂直电缆或光缆及相关支撑硬件组成。垂直子系统的基本要求如下：

① 垂直子系统一般选用光缆，以提高传输速率。

② 垂直子系统应为星状拓扑结构。

③ 垂直子系统干线光缆的拐弯处不能用直角拐弯，应有相当的弧度，以避免光缆受损，垂直电缆和光缆布线的交叉不应该超过两次，从楼层配线间到建筑物配线架间只应有一个配线架。

5. 设备间子系统

设备间在实际应用中一般称为网络中心或者机房，是在每栋建筑物适当地点进行网络管理和信息交换的场地。设备间子系统的基本要求如下：

① 设备间的位置和大小应根据建筑物的结构、布线规模和管理方式及应用系统设备的数量综合考虑。

② 设备间要有足够的空间。

③ 良好的工作环境：温度应保持在 0 ~ 27℃、相对湿度应保持在 60% ~ 80%、亮度适宜。

④ 设备间具有防静电、防尘、防火和防雷击措施。

6. 进线间子系统

进线间是建筑物外部通信和信息管线的入口部位，并可作为入口设施和建筑群配线设备的安装场地。进线间是 GB 50311 国家标准在系统设计内容中专门增加的，要求在建筑物前期设计中要有进线间。进线间应能满足多家运营商的业务需要，避免一家运营商自建进线间后独占该建筑物的宽带接入业务。进线间一般通过地埋管线进入建筑物内部，宜在土建阶段实施。进线间缆线入口处的管孔数量应满足建筑物之间、外部接入业务及多家电信业务经营者缆线接入的需求，并应留有 2 ～ 4 孔的余量。

7. 建筑群子系统

建筑群子系统也称为楼宇子系统，主要实现楼与楼之间的通信连接，一般采用光缆并配置相应设备，它支持楼宇之间通信所需的硬件，包括缆线、端接设备和电气保护装置。建筑群子系统应考虑布线系统周围的环境，确定楼间传输介质和路由，并使线路长度符合相关网络标准规定。建筑群子系统室外缆线敷设方式一般有架空、直埋、地下管道三种情况。具体情况应根据现场的环境来决定。

四、综合布线系统设计等级

综合布线系统，一般分为基本型、增强型、综合型 3 种等级，这 3 种系统等级的综合布线均可支持语音、数据等传输应用服务，可随着工程需要支持更多和更高的功能。它们的区别在于：

① 支持语音和数据传输的方式不同。

② 在重新布局时实施链路管理的灵活性不同。

3 种等级综合布线系统比较如表 1-15 所示。

表 1-15　综合布线系统设计等级

等　级	基本配置	特　点
基本型	每一个工作区有 1 个信息插座，有一条水平布线 4 对 UTP 系统，干线电缆至少有 2 对双绞线； 采用 110 A 交叉连接硬件，以与未来的附加设备兼容	具有价格竞争力； 支持语音和数据传输应用
增强型	每个工作区有 2 个以上信息插座，至少有 8 对双绞线电缆； 每个信息插座均有水平布线 4 对 UTP 系统； 具有 110 A 交叉连接硬件	支持语音、数据、图像、影像、影视、视频会议等； 能为多个数据设备提供服务
综合型	布线系统中配置有光缆； 每个工作区的电缆内配有 4 对双绞线，干线电缆至少有 2 芯光缆	引入光纤； 规模智能大楼综合布线

任务测评

姓名		学号		分值	自评	互评	师评
序号	观察点	评分标准					
1	学习态度	遵守纪律		2			
		学习积极性、主动性		3			
2	学习方法	是否明确任务		2			
		认真分析任务，明确需要做什么		3			
		按任务实施完成了任务		3			
		认真学习了相关知识		2			

续表

姓名		学号	分值	自评	互评	师评
序号	观察点	评分标准				
3	技能掌握情况	工作区子系统认知技能：工作区子系统范围、组成	5			
		水平子系统认知技能：水平子系统范围、组成	5			
		管理间子系统认知技能：管理间子系统范围、组成	5			
		垂直子系统认知技能：垂直子系统范围、组成	5			
		设备间子系统认知技能：设备间子系统范围、组成	5			
		建筑群子系统认知技能：建筑群子系统范围、组成	5			
		进线间子系统认知技能：进线间子系统范围、组成	5			
4	知识掌握情况	综合布线系统概念	5			
		综合布线系统特点	5			
		综合布线系统标准	10			
		综合布线系统组成	5			
		综合布线子系统基本要求	15			
5	职业素养	团队关系融洽	3			
		协商、讨论并解决问题	2			
		互相帮助学习	2			
		做好 5S(整理、整顿、清理、清洁、自律)	3			

任务二　认识网络综合布线产品

任务描述

网络综合布线系统是以网络综合布线产品为物质基础的。熟悉相关的网络综合布线产品，掌握它们的功能及使用是进行网络综合布线系统设计、网络工程施工必备的基本技能。本任务是在指导老师或网络工程人员的指导下，熟悉认识网络综合布线产品。

任务分析

在网络综合布线系统建设中需要为水平子系统、管理间子系统、垂直子系统、设备间子系统选用合适的综合布线产品，在选用产品中往往还需要做出多种选择，如采用非屏蔽系统还是屏蔽系统，采用光缆系统还是铜缆系统，采用多模光缆还是单模光缆，采用国外品牌产品还是国内品牌产品等。网络综合布线产品生产厂家众多，种类繁杂，这里按以下四类叙述介绍：

① 网络传输介质：包括双绞线、大对数双绞线、光缆。

② 网络互联设备：包括交换机、路由器、防火墙、网关。

③ 网络连接器件：包括 RJ 连接件、信息插座、配线架、光纤连接件及机柜等。

④ 综合布线材料：包括线槽、管材、桥架等。

任务实施

一、认识网络传输介质

传输介质是网络中传输数据、连接各网络节点的实体。目前网络通信线路中使用的传输介质主要有双绞线、大对数双绞线、光缆等。

1. 双绞线

双绞线是网络综合布线系统工程中最常用的传输介质。

(1) 基本结构

双绞线是局域网最基本的传输介质，由具有绝缘保护层的 4 对 8 线芯组成，每两条按一定规则缠绕在一起，称为一个线对。两根绝缘的铜导线按一定密度互相绞在一起，可降低信号干扰的程度，每一根导线在传输中辐射的电波会被另一根线上发出的电波抵消。不同线对具有不同的扭绞长度，从而能够更好地降低信号的辐射干扰。双绞线及其结构如图 1-16 所示。

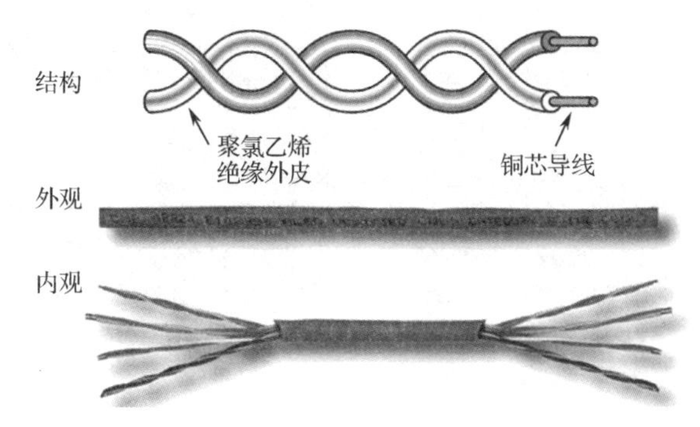

图 1-16　双绞线及双绞线结构

(2) 基本使用

双绞线一般用于星状拓扑网络的布线连接，两端安装有 RJ-45 头，用于连接网卡与交换机，最大网线长度为 100 m。如果要加大网络的范围，在两段双绞线之间可安装中继器，最多可安装 4 个中继器，连接 5 个网段，最大传输范围可达 500 m。

(3) 按电缆结构分类

① UTP 非屏蔽双绞线。UTP 非屏蔽双绞线（见图 1-17）是一种由橙、绿白、蓝、蓝白、绿、棕白、棕 4 对不同颜色的传输线所组成数据传输线，广泛用于以太网线路和电话线路中。

非屏蔽双绞线电缆具有以下优点

- 无屏蔽外套，直径小，节省所占用的空间，成本低；
- 重量轻，易弯曲，易安装；
- 将串扰减至最小或加以消除；
- 具有阻燃性；
- 具有独立性和灵活性，适用于结构化综合布线；
- 既可以传输模拟数据也可以传输数字数据。

图 1-17　非屏蔽双绞线

② FTP 屏蔽双绞线（纵包铝箔）。FTP 屏蔽双绞线在双绞线与外层绝缘封套之间有一个金属屏蔽层，如图 1-18 所示。FTP 只在整个电缆有屏蔽层，屏蔽层可减少辐射，防止信息被窃听，也可阻止外部电磁干扰的进入，使屏蔽双绞线比同类的非屏蔽双绞线具有更高的传输速率。

③ STP 双屏蔽双绞线。STP 指每条线都有各自的屏蔽层，如图 1-19 所示。

图 1-18　FTP 双绞线

图 1-19　STP 双绞线

（4）按传输能力划分

① 3 类双绞线（CAT3）：指目前在 ANSI 和 EIA/TIA568 标准中指定的电缆，该电缆的传输频率 16 MHz，最高传输速率为 10 Mbit/s，主要应用于语音、10 Mbit/s 以太网（10BASE-T）和 4 Mbit/s 令牌环，最大网段长度为 100 m，采用 RJ 形式的连接器，目前已淡出市场。

② 5 类双绞线（CAT5）：该类电缆增加了绕线密度，外套一种高质量的绝缘材料，线缆最高频率带宽为 100 MHz，最高传输率为 100 Mbit/s，用于语音传输和最高传输速率为 100 Mbit/s 的数据传输，主要用于 100BASE-T 和 1000BASE-T 网络，最大网段长为 100 m，采用 RJ 形式的连接器。这是最常用的以太网电缆。在双绞线电缆内，不同线对具有不同的绞距长度。

③ 超 5 类双绞线（CAT5e）：超 5 类双绞线具有衰减小，串扰少，并且具有更高的衰减与串扰的比值（ACR）和信噪比（Structural Return Loss）、更小的时延误差，性能得到很大提高。超 5 类线主要用于千兆位以太网（1 000 Mbit/s）。

④ 6 类双绞线（CAT6）：该类电缆的传输频率为 1 ～ 250 MHz，6 类布线的传输性能远远高于超 5 类标准，最适用于传输速率高于 1 Gbit/s 的应用。布线距离为：永久链路的长度不能超过 90 m，信道长度不能超过 100 m。

⑤超 6 类双绞线或 6A 双绞线（CAT6A）：此类产品传输带宽介于 6 类和 7 类之间，传输频率为 500 MHz，传输速度为 10 Gbit/s，标准外径 6 mm。目前和 7 类产品一样，国家还没有出台正

式的检测标准，只是行业中有此类产品，各厂家宣布各自的测试值。

⑥ 7 类（CAT7）双绞线：传输频率为 600 MHz，传输速度为 10 Gbit/s，单线标准外径 8 mm，多芯线标准外径 6 mm，可能用于今后的 10 Gbit/s 的以太网。

通常，计算机网络所使用的是 3 类双绞线，5 类双绞线和超 5 类双绞线，以及最新的 6 类双绞线，其中 10 BASE-T 使用的是 3 类双绞线，100BASE-T 使用的 5 类双绞线。

（5）双绞线标识

正式厂家生产的双绞线都会在外部护套上印刷上标识，如图 1-20 所示。

图 1-20　双绞线标识

不同生产商的产品标识可能不同，但一般应包括以下一些信息：

① 双绞线类型；

② NEC/UL 防火测试和级别；

③ CSA 防火测试；

④ 长度标志；

⑤ 生产日期；

⑥ 双绞线的生产商和产品号码。

以下是一条双绞线的标识，下面以此为例说明标识的含义：

SHIP-C SYSTEIMAX 1061C+ 4/24AWG CM VERIFIED UL CAT5E　31086FEET 09745.0 METERS

标识含义如下：

- SHIP-C SYSTEMIMAX：指的是该双绞线的生产商。
- 1061C+：指的是该双绞线的产品号。
- 4/24 AWG ：说明这条双绞线是由 4 对 24 AWG 电线的线对所构成。铜电缆的直径通常用 AWG（American Wire Gauge）单位来衡量。通常 AWG 数值越小，电线直径越大。我们通常使用的双绞线均是 24 AWG。
- CM：是指通信通用电缆，CM 是 NEC（美国国家电气规程）中防火耐烟等级中的一种。
- VERIFIED UL ：说明双绞线满足 UL（Underwriters Laboratories Inc.，保险业者实验室）的标准要求。UL 成立于 1984 年，是一家非营利的独立组织，致力于产品的安全性测试和认证。
- CAT5E：指该双绞线通过 UL 测试，达到超 5 类标准。

31086FEET 09745.0 METERS ：表示生产这条双绞线时的长度点。这个标记对于我们购买双绞线时非常实用。如果你想知道一箱双绞线的长度，可以找到双绞线的头部和尾部的长度标记相减后得出。1 英尺等于 0.304 8 m，有的双绞线以 m 作为单位。

（6）大对数双绞线

大对数即多对数的意思，是指很多一对一对的电缆组成一个小捆，再由很多小捆组成一大捆（更大对数的电缆则再由几大捆组成一根更大的电缆），如图 1-21 所示。

大对数电缆为 25 线对（或更多）成束的电缆结构，它采用颜色编码进行管理，每个线束都有不同的颜色编码，同一束内的每个线对又有不同的颜色编码。颜色编码主色为白、红、黑、黄、紫；副色为蓝、橙、绿、棕、灰。25 对大对数线颜色编码如表 1-16 所示。

图 1-21　大对数双绞线

表 1-16　25 对大对数线颜色编码表

线　对	色 彩 码	线　对	色 彩 码
1	白 / 蓝 / / 蓝 / 白	14	黑 / 棕 / / 棕 / 黑
2	白 / 橙 / / 橙 / 白	15	黑 / 灰 / / 灰 / 黑
3	白 / 绿 / / 绿 / 白	16	黄 / 蓝 / / 蓝 / 黄
4	白 / 棕 / / 棕 / 白	17	黄 / 棕 / / 棕 / 黄
5	白 / 灰 / / 灰 / 白	18	黄 / 绿 / / 绿 / 黄
6	红 / 蓝 / / 蓝 / 红	19	黄 / 棕 / / 棕 / 黄
7	红 / 橙 / / 橙 / 红	20	黄 / 灰 / / 灰 / 黄
8	红 / 绿 / / 绿 / 红	21	紫 / 蓝 / / 蓝 / 紫
9	红 / 棕 / / 棕 / 红	22	紫 / 橙 / / 橙 / 紫
10	红 / 灰 / / 灰 / 红	23	紫 / 绿 / / 绿 / 紫
11	黑 / 蓝 / / 蓝 / 黑	24	紫 / 棕 / / 棕 / 紫
12	黑 / 橙 / / 橙 / 黑	25	紫 / 灰 / / 灰 / 紫
13	黑 / 绿 / / 绿 / 黑		

2. 光纤、光缆

光通信自 20 世纪 70 年代开始应用以来，现在已经发展成为长途干线、市内电话中继、水底和海底通信以及局域网、专用网等有线传输的骨干，并已向用户接入网发展，实现光纤到桌面。

(1) 光纤结构与原理

光纤是光导纤维的简称，是一种利用光在玻璃或塑料制成的纤维中的全反射原理而达成的光传导工具，如图 1-22 所示。

光纤的结构一般是双层或多层的同心圆柱体，由透明材料做成的纤芯和在它周围采用比纤芯的折射率稍低的材料做成的包层。光纤结构示意图如图 1-23 所示。

纤芯：纤芯位于光纤的中心部位，由非常细的玻璃（或塑料）制成。

包层：包层位于纤芯的周围，是一个玻璃（或塑料）涂层。

涂覆层：光纤的最外层为涂覆层，包括一次涂覆层、缓冲层和二次涂覆层，由分层的塑料及其附属材料制成。

图 1-22 光纤

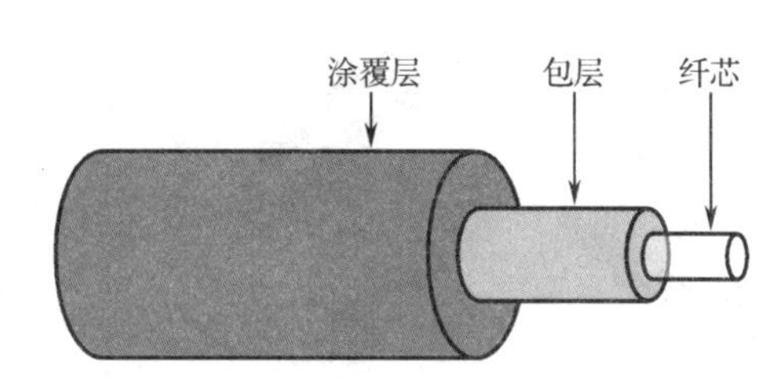

图 1-23 光纤结构示意图

由于纤芯的折射率大于包层的折射率，故光波在界面上形成全反射，使光只能在纤芯中传播，实现通信。光纤通信原理示意图如图 1-24 所示。

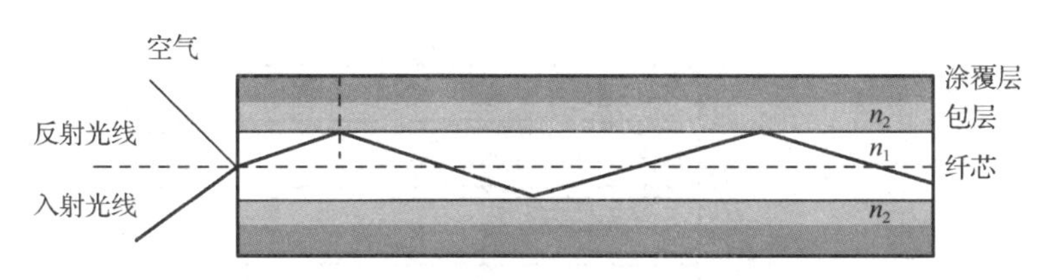

图 1-24 光纤通信原理示意图

（2）光纤的种类

根据光纤传输模数的不同，光纤主要分为两种类型，即单模光纤和多模光纤。单模光纤的纤芯直径很小，在给定的工作波长上只能以单一模式传输，传输频带宽，传输容量大。多模光纤是在给定的工作波长上，能以多个模式同时传输的光纤。

在网络工程中，一般是 62.5 μm / 125 μm 规格的多模光纤，有时用 50 μm / 125 μm 规格的多模光纤，9 μm /125 μm 规格的单模光纤。户外布线大于 2 km 时常选用单模光纤。

（3）光纤传输优点

光纤传输优点有：

①频带宽，通信容量大；

②损耗低，衰减较小，传输距离远；

③重量轻；

④抗干扰能力强；

⑤保真度高；

⑥工作性能可靠。

（4）光缆

因为光纤本身比较脆弱，所以在实际应用中都是将光纤制成不同结构形式的光缆，常用光缆的结构如图 1-25 所示。光缆是以一根或多根光纤或光纤束制成，符合光学机械和环境特性，光缆结构如图 1-26 所示。

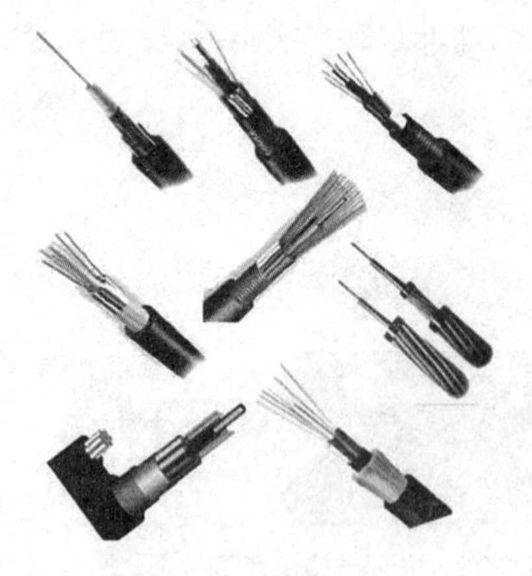
图 1-25　常见光缆

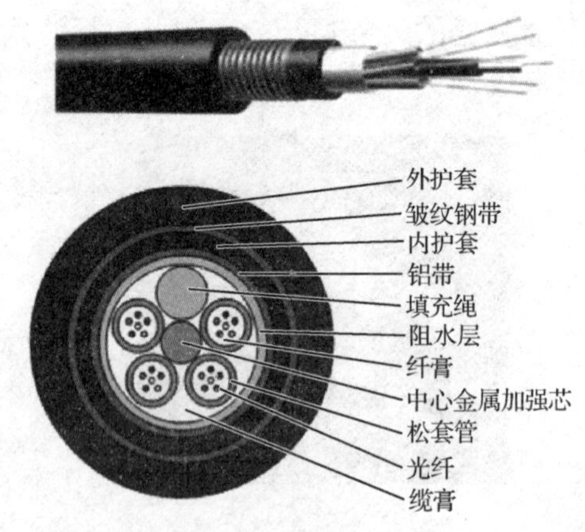

图 1-26　光缆结构

（5）光缆优缺点

光缆优缺点如图 1-27 所示。

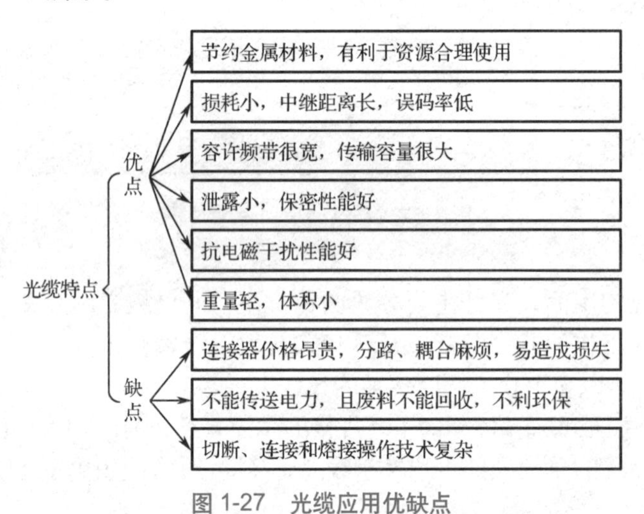

图 1-27　光缆应用优缺点

二、认识网络互联设备

在计算机网络中，除了个人计算机、打印机、扫描仪和服务器等设备外，还需要使用网络互联设备。常用的网络连接设备有：交换机（Switch）、路由器（Router）、防火墙（Firewall）、网关（Gateway）等。

1. 交换机

交换机是集线器的升级换代产品，从外观上看与集线器相似，都是带有多个端口的长方形盒状体，图 1-28 所示为一款常见交换机。

（1）交换机的分类

① 根据采用的技术划分：以太网交换机、FDDI 交换机、ATM 交换机、令牌环交换机等 。

② 根据交换机应用网络层次划分：核心层交换机、汇聚层交换机和接入层交换机。

③ 根据交换机端口结构划分：固定端口交换机、模块化交换机 。

④ 根据是否支持网管功能划分：网管型交换机、非网管型交换机。

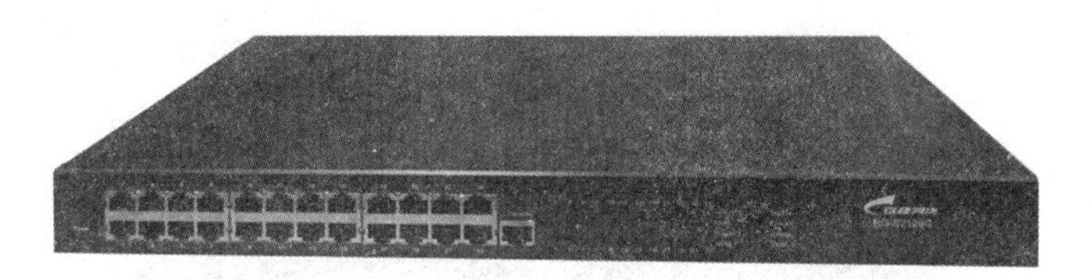

图 1-28　交换机

⑤ 根据是否具有安全功能划分：安全智能交换机、非安全交换机。

⑥ 根据工作原理划分（属于交换机的变异）：二层交换机、三层交换机、多层交换机等。

（2）交换机的特点

从工作方式上来看，交换机检测到某一端口发来的数据包，根据其目标 MAC 地址，查找交换机内部的“端口—地址”表，找到对应的目标端口，打开源端口到目标端口之间的数据通道，将数据包发送到对应的目标端口上。当不同的源端口向不同的目标端口发送信息时，交换机就可以同时互不影响地传送这些信息包，并防止传输碰撞，隔离冲突域，有效地抑制广播风暴，提高网络的实际吞吐量。

2. 路由器

路由器是网络中进行网间互联的关键设备，路由器具有路由转发、防火墙和隔离广播的作用，路由器不会转发广播帧，路由器上的每个接口属于一个广播域，不同的接口属于不同的广播域和不同的冲突域。常见路由器如图 1-29 所示。

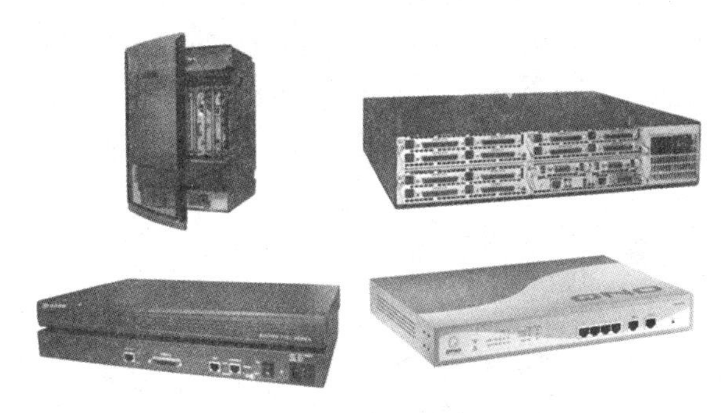

图 1-29　常见路由器

路由器的主要功能包括网络互联、网络隔离、网络管理等，路由器连接应用如图 1-30 所示。

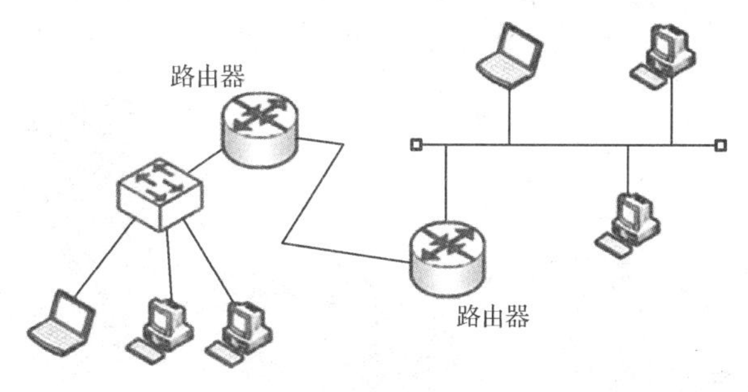

图 1-30　路由器连接应用

3. 防火墙

防火墙起到安全保护作用，它一方面阻止来自因特网的对受保护网络的未授权或未验证的访问，另一方面允许内部网络用户对因特网进行 Web 访问或收发 E-mail 等，防火墙也可以作为一个访问因特网的权限控制关口，如允许组织内的特定的人可以访问因特网。防火墙还能进行身份鉴别，对信息进行安全（加密）处理，防止病毒与黑客入侵等，图 1-31 所示为一款常见防火墙。

图 1-31　防火墙

防火墙的主要功能有：

① 根据安全策略来防止非法用户进入内部网络。

② 监视网络的安全性，检测对网络的攻击并向管理员报警。

③ 进行网络地址转换（NAT），将有限的公有 IP 地址动态或静态地与内部的 IP 地址对应起来，从而缓解地址空间短缺的问题，并增强网络的安全性。

④ VPN 功能。通过 VPN，将企事业单位分布在各地的 LAN 或专用子网有机地联结成一个整体，不仅省去了专用通信线路，而且为信息共享提供了技术保障。

⑤ 记录和审计网络连接情况（如 Internet 连接情况），据此调查潜在的带宽瓶颈位置，核算网络连接费用。

三、认识网络连接器件

连接器件是指与终端与网络综合布线系统相连接、水平子系统、垂直子系统与网络设备相连接的各类插接件，包括水晶头、信息插座、配线架、光纤连接件等。

1. 水晶头

水晶头是一种能沿固定方向插入并自动防止脱落的塑料接头，俗称“水晶头”，专业术语为 RJ-45 连接器（RJ-45 是一种网络接口规范，类似的还有 RJ-11 接口，就是我们平常所用的“电话接口”，用来连接电话线）。之所把它称之为“水晶头”，是因为它的外表晶莹透亮。水晶头如图 1-32 所示。

5e类UTP的RJ-45连接头

5e类屏蔽RJ-45连接头

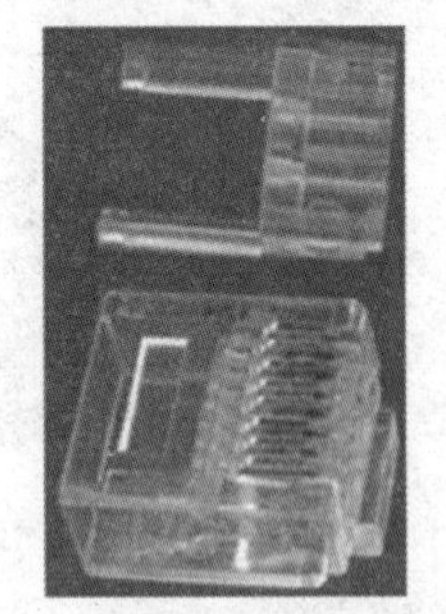

6类UTP的RJ-45连接头

图 1-32　水晶头

水晶头适用于设备间或水平子系统的现场端接，水晶头外壳材料采用高密度聚乙烯。每条双绞线两头通过安装水晶头与网卡和集线器（或交换机）相连，水晶头的连接如图 1-33 所示。

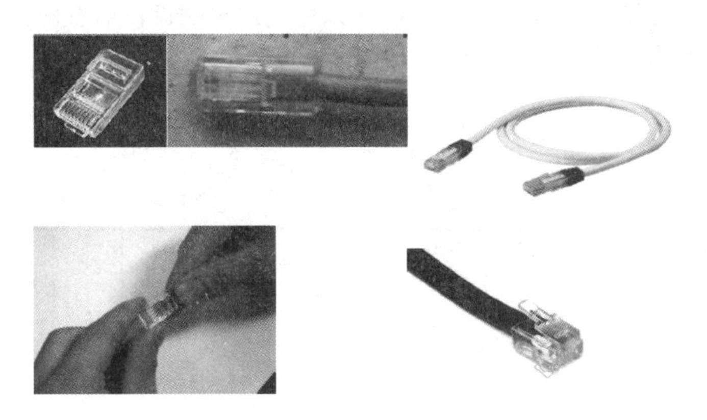

图 1-33 水晶头的连接

2. 信息插座

信息插座包括：信息模块、信息插座面板、底盒。

（1）信息模块

信息模块是网络工程中经常使用的一种器件，分为 6 类、超 5 类、5 类、3 类几种，且有屏蔽和非屏蔽之分。常见信息模块如图 1-34 所示。

信息模块

图 1-34 信息模块

信息模块用于端接水平电缆，模块中有八个与电缆导线连接的接线；RJ-45 连接头插入模块后，便与那些触点物理连接在一起。信息模块与插头的 8 根针状金属片，具有弹性连接，且有锁定装置，一旦插入连接，很难直接拔出，必须解锁后才能顺利拔出；双绞电缆与信息模块的接线块连接时，应按色标要求的顺序进行卡接。

信息模块与 RJ 连接头连接标准：T568A 或 T568B 两种结构。

① T568A：白绿—绿，白橙—蓝，白蓝—橙，白棕—棕。

② T568B：白橙—橙，白绿—蓝，白蓝—绿，白棕—棕。

在同一个工程中，应只采用一种连接标准。

信息模块与 RJ 连接头的连接如图 1-35 所示。

（2）信息面板

图 1-36 所示为两款常见的信息面板。

常用信息面板分为单口面板和双口面板，信息面板外形尺寸符合国标 86 型、120 型。86 型面板的宽度和长度分别是 86 mm，通常采用高强度塑料材料制成，适合安装在墙面，具有防尘功能；120 型面板的宽度和长度是 120 mm，通常采用铜等金属材料制成，适合安装在地面，具有防尘、防水功能。一般信息面板表面有插入式标签，用以标记识别端口；信息面板通常配有防尘滑门用以保护模块、遮蔽灰尘和污物进入。

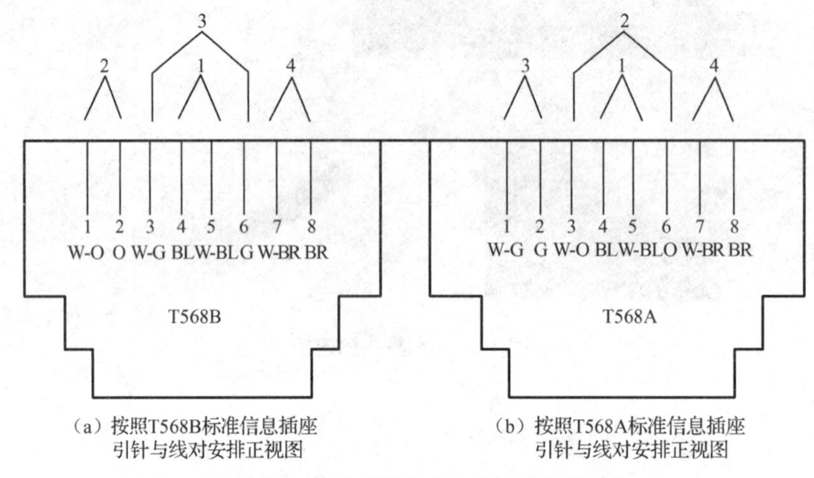

（a）按照T568B标准信息插座引针与线对安排正视图

（b）按照T568A标准信息插座引针与线对安排正视图

图 1-35　信息模块与 RJ 连接头的连接

图 1-36　信息面板

（3）底盒

底盒分为明装底盒和暗装底盒，如图 1-37 所示。明装底盒通常采用高强度塑料材料制成，而暗装底盒有塑料材料制成的也有金属材料制成。

（a）明装底盒

（b）暗装塑料底盒

（c）暗装金属底盒

图 1-37　底盒

3. 配线架

配线架是电缆或光缆进行端接和连接的装置，在配线架上可进行互联或交接操作。配线架是管理子系统中最重要的组件，是实现垂直干线和水平布线两个子系统交叉连接的枢纽，一般放置在管理间和设备间的机柜中，配线架通常安装在机柜内。图 1-38 所示为几款常见配线架。

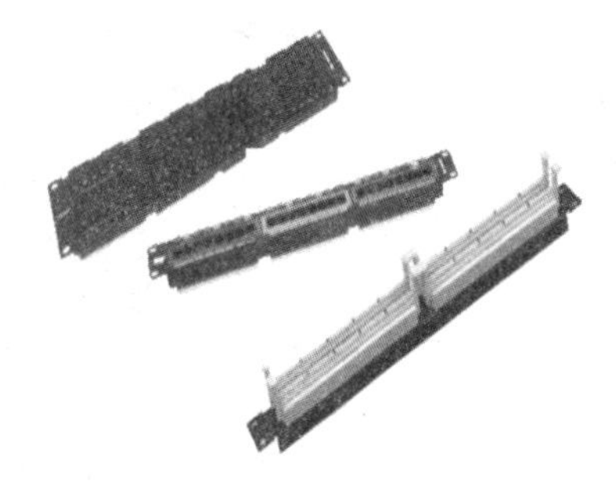

图 1-38　配线架

双绞线配线架的作用是在管理子系统中将双绞线进行交叉连接，用在设备间和各配线间。双绞线配线架的型号很多，每个厂商都有自己的产品系列，并且对应 3 类、5 类、超 5 类、6 类和 7 类线缆分别有不同的规格和型号，在具体项目中，应参阅产品手册，根据实际情况进行配置。

4. 光纤配线设备

光纤配线设备是光缆与光通信设备之间的配线连接设备，用于光纤通信系统中光缆的成端和分配，可方便地实现光纤线路的熔接、跳线、分配和调度等功能。

光纤配线架有机架式光纤配线架、光纤接续盒、挂墙式光缆终端盒和光纤配线箱等类型，常见光纤配线架和光纤接线箱分别如图 1-39 和图 1-40 所示。

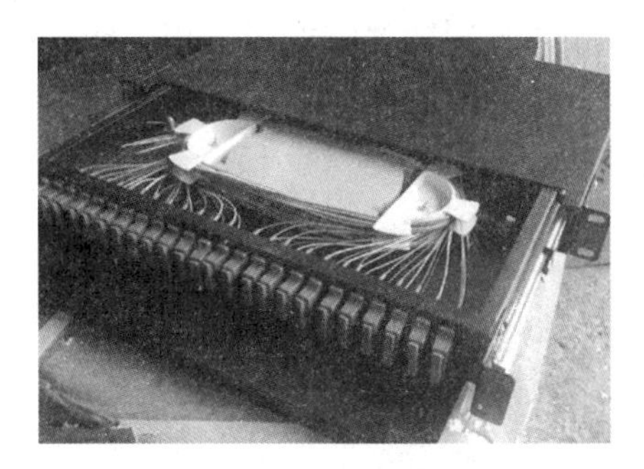

图 1-39　光纤配线架图

图 1-40　光纤接线箱

5. 光纤连接器件

光跳线是指光缆两端都装上连接器插头，实现光路的跳接式连接；一端装有插头的俗称尾纤（见图 1-41）。

按端面形状分类：PC 型（平面）、UPC 型（超平面）、APC 型（8° 斜面）。

按结构形状分类：FC 型（螺旋卡口）、SC 型（矩形插拔式）、LC 型（小矩形插拔式）、ST 型（卡扣式）。

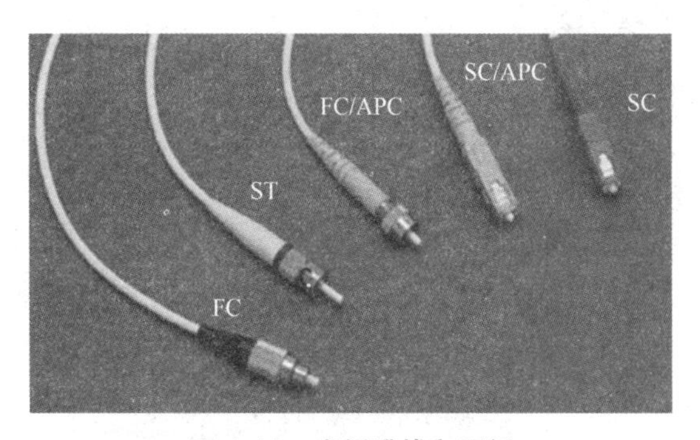

图 1-41　光纤跳线和尾纤

光纤连接器，俗称法兰盘或耦合器，是实现光纤活动连接的重要器件之一，它通过尺寸精密的开口套管在适配器内部实现了光纤连接器的精密对准连接，保证两个连接器之间精准对接。常见的光纤接头、耦合器如图 1-42 所示。

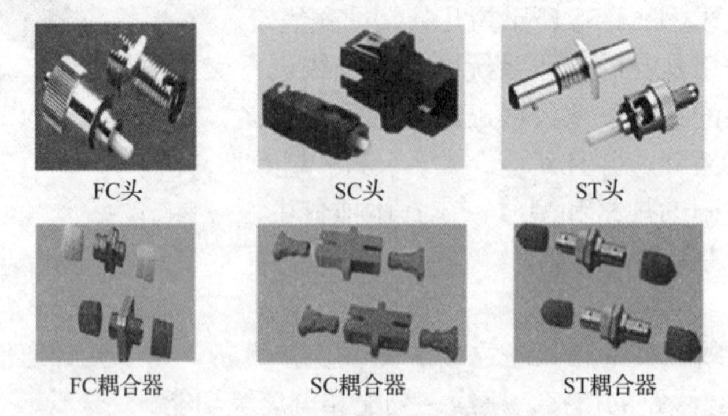

图 1-42　光纤接头、耦合器

光纤到桌面时，和双绞线的综合布线一样，需要在工作区安装光纤信息插座，光纤信息插座就是一个带光纤适配器的光纤面板。光纤信息插座和光纤配线架的连接结构一样，光缆敷设至底盒后，光缆与一条光纤尾纤熔接，尾纤的连接器插入光纤面板上的光纤适配器的一端，光纤适配器的另一端用光纤跳线连接计算机。常见光纤面板如图 1-43 所示。

图 1-43　常见光纤面板

6. 机柜

机柜一般是冷轧钢板或合金制作的用来存放计算机和相关控制设备的物件。机柜可以屏蔽电磁干扰，对存放的设备提供保护；网络设备有序、整齐地排列机柜中，方便维护、美观。图 1-44 所示为几款常见机柜。

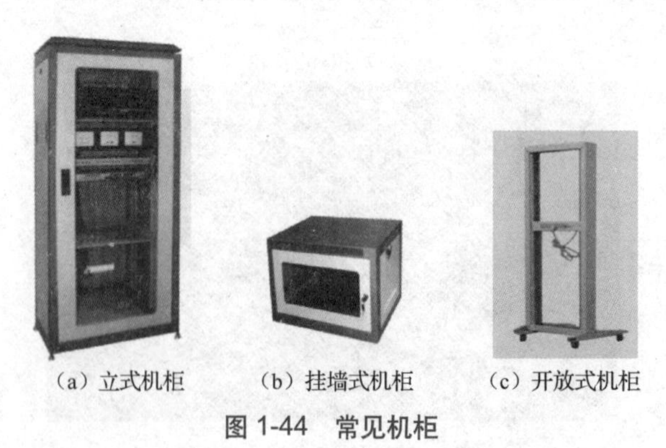

（a）立式机柜　（b）挂墙式机柜　（c）开放式机柜

图 1-44　常见机柜

（1）机柜规格

标准 U 机柜以 U 为单位区分，机柜内设备安装所占高度用一个特殊单位“U”表示，1 U =

44.45 mm。机柜一般都是按 nU 的规格制造。多少个“U”的机柜表示能容纳多少个“U”的配线设备和网络设备。如 24 口配线架高度为 1 U 单位，普通型 24 口的交换机一般的高度都为 1U 单位。

19 英寸宽的机柜称为标准机柜。虽然对于 19 英寸面板设备安装宽度为 465.1 mm，但机柜的物理宽度常见的产品为 600 mm 和 800 mm 两种。

机柜的深度一般为 400 ～ 800 mm，根据柜内设备的尺寸而定，常见的成品 19 英寸（宽度）机柜深度为 500 mm、600 mm 和 800 mm。

机柜高度一般为 0.7 ～ 2 .4 m，常见的成品 19 英寸机柜高度为 1.0 m、1.2 m、1.6 m、1.8 m、2.0 m 和 2.2 m。

（2）机柜配件

机柜配件包括固定托盘、滑动托盘、理线架、DW 型背板、L 支架、盲板、扩展横梁、安装螺母、键盘托架、调速风机单元、机架式风机单元、重载脚轮与可调支脚、标准电源板等。

（3）壁挂式网络机柜

外观轻巧美观，全柜采用全焊接式设计，牢固可靠。主要用于摆放少量的网络设备，壁挂式机柜背面有四个挂墙的安装孔，可将机柜挂在墙上节省空间，如图 1-45 所示。

图 1-45　壁挂式网络机柜

小型挂墙式机柜，有体积小、节省机房空间等特点。广泛用于计算机数据网络、布线、音响系统、银行、金融、证券、地铁、机场工程、工程系统等领域。

四、认识综合布线材料

综合布线系统中除了线缆、网络连接设备外，线槽管材也是一个重要的组成部分。布线材料是综合布线系统的基础性材料，包括：金属槽、PVC 槽、金属管、PVC 管等。

1. 线槽

线槽用于明装墙面线路，线槽根据制作材料分为金属槽和 PVC 槽。

（1）金属线槽

金属槽由槽底和槽盖组成，每根槽一般长度为 2 m，槽与槽连接时使用相应尺寸的铁板和螺钉固定。金属槽的外形如图 1-46 所示。

在综合布线系统中一般使用的金属槽的规格有：

50 mm × 100 mm、100 mm × 100 mm、100 mm × 200 mm、100 mm ×300 mm、

200 mm × 400 mm 等多种规格。

图 1-46　金属槽外形

（2）PVC 塑料线槽

塑料槽的外形与金属槽类似，但它的品种规格更多，从型号上看有 PVC-20 系列、PVC-25 系列、PVC-25F 系列、PVC-30 系列、PVC-40 系列、PVC-40Q 系列等。

从规格上看有 20 mm × 12 mm、25 mm × 12.5 mm、25 mm × 25 mm、30 mm × 15 mm、40 mm × 20 mm 等。

与 PVC 槽配套的附件有阳角、阴角、直转角、平三通、左三通、右三通、连接头、终端头、接线盒（暗盒、明盒）等，如图 1-47 所示。

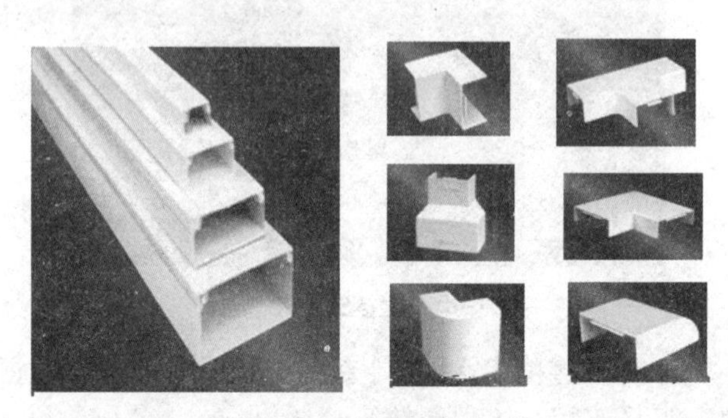

图 1-47　PVC 线槽及附件

2. 管材

管材用于分支结构或暗埋的线路，管材包括金属管和塑料管。

（1）金属管

金属的规格有多种，外径以 mm 为单位。管的外形如图 1-48 所示。

工程施工中常用的金属管有 D16、D20、D25、D32、D40、D50、D63、D25、D110 等规格。

在金属管内穿线比线槽布线难度更大一些，在选择金属管时要注意管径选择大一点，一般管内填充物占 30 % 左右，以便于穿线。金属管还有一种是软管（俗称蛇皮管），供弯曲的地方使用。

（2）塑料管

塑料管主要有聚氯乙烯管材（PVC-U 管）、双壁波纹管、高密聚乙烯管材（HDPE 管）、子管、硅芯管等。

图 1-48　管材外形

① 聚氯乙烯管。

PVC 阻燃导管是以聚氯乙烯树脂为主要原料，加入适量的辅助剂，经加工设备挤压成型的刚性导管，小管径 PVC 阻燃导管可在常温下进行弯曲。便于用户使用，按外径分有 D16、D20、D25、D32、D40、D45、D63、D25、D110 等规格。

与 PVC 管安装配套的附件有接头、螺圈、弯头、弯管弹簧；一通接线盒、二通接线盒、三通接线盒、四通接线盒、开口管卡、专用截管器、PVC 黏合剂等。

② 双壁波纹管。

双壁波纹管，除具有普通塑料管的耐腐性，绝缘性好，内壁光滑，使用寿命长等优点外；还具有以下独特的技术性能：

- 刚性大，耐压强度高于同等规格的普通光身塑料管；
- 重量是同规格普通塑料管的一半，从而方便施工，减轻工人劳动强度；
- 密封好，在地下水位高的地方使用更能显示其优越性；
- 波纹结构能加强管道对土壤负荷抵抗力，便于连续敷设在凹凸不平的地面上；
- 使用双壁波纹管工程造价比普通塑料管降低 1/3。

常见双壁波纹管如图 1-49 所示。

图 1-49　双壁波套管

③ 高密聚乙烯管材（HDPE 管）。

HDPE 是一种结晶度高、非极性的热塑性树脂。原态 HDPE 的外表呈乳白色，在微薄截面呈一定程度的半透明状。HDPE 具有很好的电性能，特别是绝缘介电强度高，使其很适用于电线电缆。PE 可用很宽的不同加工法制造。包括诸如片材挤塑、薄膜挤出、管材或型材挤塑，吹塑、注塑和滚塑。

PE 有许多挤塑用途，如电线、电缆、软管、管材和型材。管材应用范围从用于天然气小截面的黄管到 48 英寸用于工业和城市管道的厚壁黑管，以及用作混凝土制成的雨水排水管和其他下水道管线替代物的大直径中空壁管。高密度聚乙烯管材如图 1-50 所示。

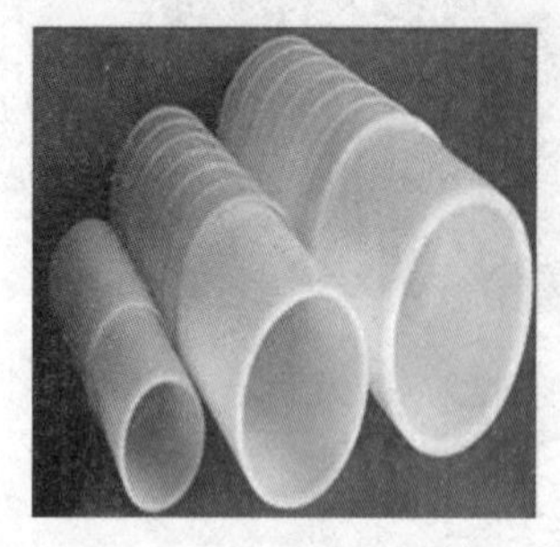
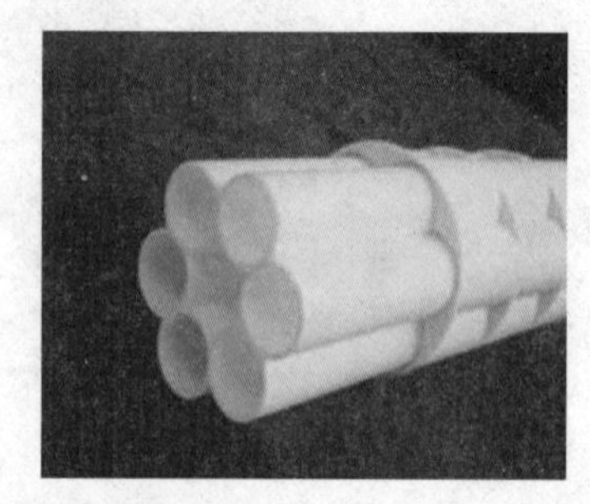

图 1-50　高密聚乙烯管材

④ 子管。

小口径，管材质软。适用于光纤电缆的保护，如图 1-51 所示。

图 1-51　子管

⑤ 硅芯管。

用于吹光纤管道，敷管快速。硅芯管是一种内壁带有硅胶质固体润滑剂的新型复合管道，密封性能好，耐化学腐蚀，工程造价低，广泛运用于高速公路、铁路等的光电缆通信网络系统。

HDPE 硅芯管是一种内壁带有硅胶质固体润滑剂的新型复合管道，简称硅管。由三台塑料挤出机同步挤压复合，主要原材料为高密度聚乙烯，芯层为摩擦因数最低的固体润滑剂硅胶质。广泛运用于光电缆通信网络系统。硅芯管如图 1-52 所示。

图 1-52　硅芯管

3. 桥架

桥架是布线行业的一个术语，是建筑物内布线不可缺少的一个部分。桥架分为普通型桥架、重型桥架、槽式桥架。桥架的外形如图 1-53 所示。

图 1-53　桥架外形

普通桥架由以下主要配件组成：梯架、弯通、三通、四通、多节二通、凸弯通、凹弯通、调高板、端向联结板、调宽板、垂直转角联结件、联结板、小平转角联结板、隔离板等。普通桥架及其主要配件组合如图 1-54 所示。

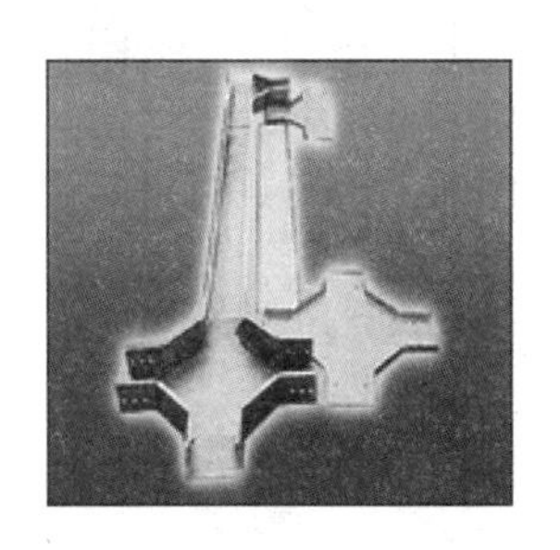

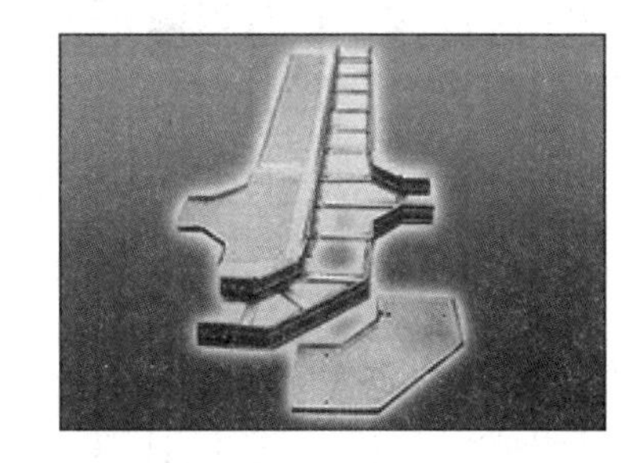

图 1-54　普通桥架及其主要配件

4. 布线小材料

布线小材料包括：

(1) 线缆保护产品

主要有螺旋套管、蛇皮套管、防蜡管和金属边护套。

(2) 线管固定和连接部件

管卡、管箍、弯管接头 、软管接头 、接线盒 、地气轧头。

(3) 线缆固定部件

钢精轧头、钢钉线卡。

(4) 钉、螺钉、膨胀螺栓等

水泥钉、木螺钉、塑料膨胀管、钢制膨胀螺栓。

相关知识

智能建筑

智能建筑是将建筑物的结构、系统、服务和管理四个基本要素进行优化组合，提供一个投资合理，高效、舒适、安全、方便的建筑物。通常定义中的智能建筑涵盖了智能大厦和智能小区。

1. 智能建筑概述

智能建筑解决方案是在建筑（包括环境）平台上，利用系统集成技术实现的通信自动化系统（CAS）、建筑设备自动化系统（BAS）、办公自动化系统（OAS）、安保自动化系统（SAS）、消防智能化系统（FAS），它们与建筑环境一起构成了整个智能建筑。对使用者来说，智能建筑应能提供安全、舒适、快捷的优质服务，有一个有利于提高工作效率、激发人的创造性的环境；对管理者来说，智能建筑应当建立一套先进、科学的综合管理机制，不仅要求硬件设施先进，软件方面和管理人员（使用人员）素质也要相应配套，以达到节省能耗和降低人工成本的效果。

智能建筑系统主要功能模块，如图 1-55 所示。

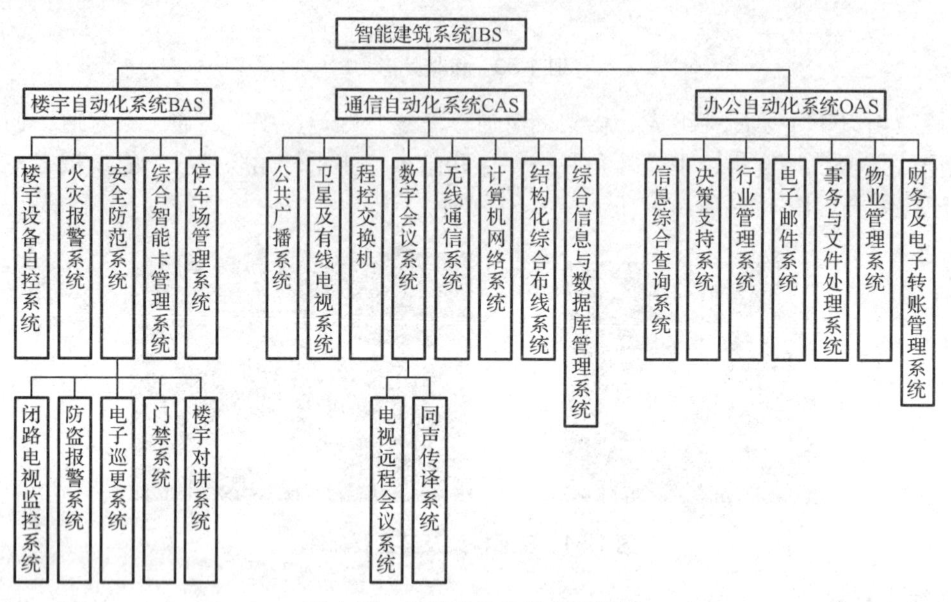

图 1-55　智能建筑系统功能模块

2. 智能建筑与综合布线系统

综合布线系统是满足实现智能大厦各综合服务需要，用于传输语音、数据、图像等多种信号并支持多厂商各类设备的集成化信息传输系统硬件平台，它利用双绞线或光缆完成各类信息的传输，采用模块化设计，统一标准，以满足智能化建筑高效、可靠、灵活性等要求。

综合布线系统是衡量智能化建筑智能化程度的重要标志，是智能化建筑中必备的基础设施；综合布线系统能适应今后智能建筑和各种科学技术的发展需要；综合布线系统是“通信电缆、光缆、各种软电缆及有关连接硬件构成的通用布线系统，它能支持多种应用系统”。

综合布线系统的基本要求有：

① 应满足通信自动化与办公自动化的需要，即满足话音与数据网络的广泛要求；

② 应采用简明、价廉与快速的结构，将插座互联至主网络；

③ 适应各种符合标准的品牌设备互联入网运行；

④ 电缆的敷设与管理应符合综合布线系统设计要求；

⑤ 在综合布线系统中，应提供多个互联点，即插座；

⑥ 应满足当前和将来网络的要求。

3. 智能建筑与计算机网络

计算机网络系统是智能建筑物的最高层控制中心，它是将分布在不同位置上地具有独立工作能力的计算机、终端及其附属设备用通信设备和通信线路连接起来，并配置网络软件，以实现计算机资源共享的系统。也可以使它通过综合布线将保安、电话、卫星通信与有线电视、给排水、空调、电梯、办公室自动化等各子系统连为一体，对整个建筑物实施统一管理和监控，同时为各子系统之间建立起标准的信息交换平台，使各子系统均置于建筑物控制中心控制之下。

智能建筑物中，计算机网络系统主要由高速主干网、楼层局域网，对外通信的广域网和多种服务器、工作站或 PC 等组成，这是一种异型网络互联的网络环境。为了保证实现智能建筑物的多种功能，这种网络系统必须具备开放系统的特性：系统互联、信息互操作和协同工作，这就是要求具有开放系统互联的网络协议体系结构。

任务测评

姓名		学号		分值	自评	互评	师评
序号	观察点	评分标准					
1	学习态度	遵守纪律		2			
		学习积极性、主动性		3			
2	学习方法	明确任务		2			
		认真分析任务，明确需要做什么		3			
		按任务实施完成了任务		3			
		认真学习了相关知识		2			
3	技能掌握情况	传输介质认知技能：双绞线、光纤结构、分类、特点及使用		10			
		网络互联设备认知技能：交换机、路由器、防火墙等的识别、作用		15			
		网络连接器件认知技能：水晶头、信息插座、配线架、光纤配线器、连接器的认识、作用		15			
		综合布线材料认知技能：金属槽、PVC 槽、金属管、塑料管、桥架的认知、使用		15			
4	知识掌握情况	智能建筑的概念		5			
		几种综合布线系统的比较		10			
		综合布线产品市场了解		5			
5	职业素养	团队关系融洽		3			
		协商、讨论并解决问题		2			
		互相帮助学习		2			
		做好 5S(整理、整顿、清理、清洁、自律)		3			

项目总结

本项目通过考察实际网络综合布线系统和认识网络综合布线产品，使读者掌握分析网络综合布线系统的方法、掌握网络综合布线系统的组成并了解网络综合布线系统设计的初步知识，为读者进行网络综合布线系统设计、工程施工培养基本技能素质。

自我测评

一、填空题

1. 把两根绝缘的铜导线按一定密度互相绞合在一起，可降低信号干扰的程度，一般扭线越密，其抗干扰能力就越__________。

2. 屏蔽双绞线电缆有__________和__________两类。

3. 双绞线的主要连接器件有__________、__________和__________。

4. 光纤通信系统是以__________为载体、__________为传输介质的通信方式。

5. 光纤跳线主要用于__________或__________的跳线。

二、选择题

6. 基本型综合布线系统是一种经济有效的布线方案，适用于综合布线系统中配置最低的场合，主要以（　　）作为传输介质。

A. 同轴电缆　　B. 铜质双绞线　　C. 大对数电缆　　D. 光缆

7. 大对数铜缆是以（　　）对为基数进行增加。

A. 20　　B. 25　　C. 35　　D. 50

8. 超 5 类电缆的支持的最大带宽为（　　）。

A. 100 MHz　　B. 200 MHz　　C. 250 MHz　　D. 600 MHz

9. 光缆的选用除了考虑光纤芯数和光纤种类以外，还要根据光缆的使用环境来选择光缆的（　　）。

A. 结构　　B. 粗细　　C. 外护套　　D. 大小

10.（　　）用于端接双绞线电缆或干线电缆，并通过跳线连接水平子系统和干线子系统。

A. 模块化配线架　　B. 110 配线架　　C. 110C 连接块　　D. ODF

三、思考题

11. 综合布线标准有哪些？

12. 综合布线系统组成有哪些？各有什么特点？

13. 试比较双绞线电缆和光缆的优缺点。

14. 连接件的作用是什么？它有哪些类型？

15. 综合布线中的机柜有什么作用？

项目二

网络综合布线工具的使用

知识目标

- 熟悉常用线缆端接工具，掌握常用线缆端接工具的使用方法。
- 熟悉常用测试工具，掌握基本测试工具的使用方法。
- 认识管槽安装、线缆敷设工具，掌握基本管槽安装、线缆敷设工具的使用方法。

能力目标

- 能够使用线缆端接工具进行线缆端接。
- 能够使用基本测试工具进行测试。
- 能够进行简单管槽安装、线缆敷设。

“工欲善其事，必先利其器。”这表明工具在生产工作中有着重要作用。正确熟练地使用网络综合布线工具，对完成综合布线、提高工作效率、提高工程质量、保证工程规范性，甚至对工程的成败起着关键作用。

网络综合布线工具数量多，种类杂，包括双绞线端接工具、光纤连接工具、测试验证工具、常用电工工具、管槽设备安装工具及线缆敷设工具等。本项目通过完成线缆端接工具使用、线缆测试工具使用及管槽安装、线缆敷设工具使用三个任务，使读者认识常用网络综合布线工具，掌握一些基本工具的使用方法，并能够使用基本工具完成相应的作业。

任务一 线缆端接工具使用

任务描述

网络配线端接是连接网络设备和综合布线系统的关键施工技术，配线端接技术直接影响网络系统的传输速率、稳定性和可靠性，也直接决定综合布线系统永久链路和信道链路的测试结果。本任务要求了解网络综合布线常用线缆端接工具，掌握常用线缆端接工具的使用方法，并能够使用它们实现相应的配线端接。

任务分析

现在，网络综合布线线缆主要使用双绞线和光纤。根据线缆的种类不同，线缆端接工具有双绞线端接工具和光纤连接工具，主要常用线缆端接工具如表 2-1 所示。

表 2-1　常用线缆端接工具表

工具类别	工具类型	工具名称
双绞线端接工具	剥线工具	剥线器
	打线工具	打线器
	压线工具	压线钳
	卡线保护工具	手掌保护器
光纤连接工具	开缆工具	开缆器、开缆刀
	光纤剥离工具	光纤剥离钳
	连接器压接工具	连接器压接钳
	光纤切割工具	光纤切割器
	光纤熔接工具	光纤熔接机

本任务将按照常用线缆端接工具表所列，逐一认识所列工具，并使用它们完成相应操作。

任务实施

一、双绞线端接工具使用

常用双绞线端接工具包括剥线器、打线器、压线钳、手掌保护器等。

1. 剥线器（图 2-1）

剥线器外形小巧，简单易用，操作时只需要把双绞线放在相应尺寸的孔内并旋转 3 ～ 5 圈即可除去线缆的外护套。剥线器使用如图 2-2 所示。

图 2-1　常用剥线器

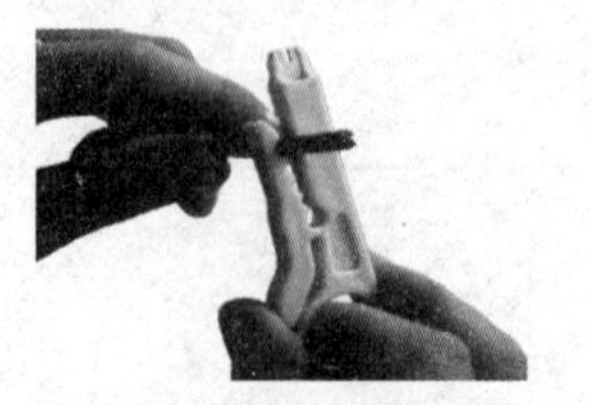

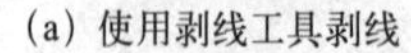

（a）使用剥线工具剥线　　（b）剥开外绝缘护套

图 2-2　剥开外绝缘护套

注意事项：

① 双绞线端头破损的部分应首先使用剪钳剪除。

② 端头剥开长度尽应适度，能够方便端接即可。

③ 在剥护套过程中，不能对线芯的绝缘护套或者线芯造成损伤或者破坏，不能损伤 8 根线芯的绝缘层，更不能损伤任何一根铜线芯。

2. 打线器

(1) 单打线器

单打线器适用于线缆、110 型模块及配线架的连接作业，实物如图 2-3 所示。

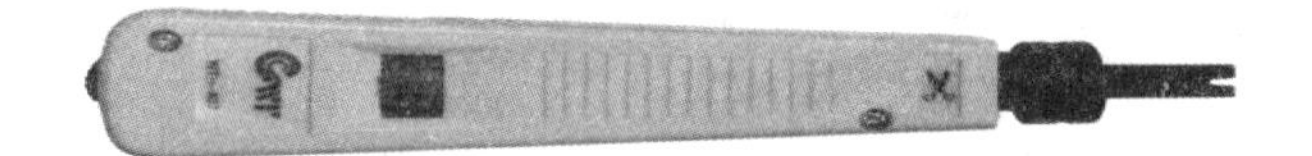

图 2-3　单打线器

使用时，先按线序在端接模块压线口把线芯整理好，然后把打线器垂直卡在压线口线芯上，注意打线器刀口朝线端一方，然后突然用力在手柄上向下推一下，听到“咔嚓”声就表明线芯卡接在模块中，完成端接过程，如图 2-4 所示。

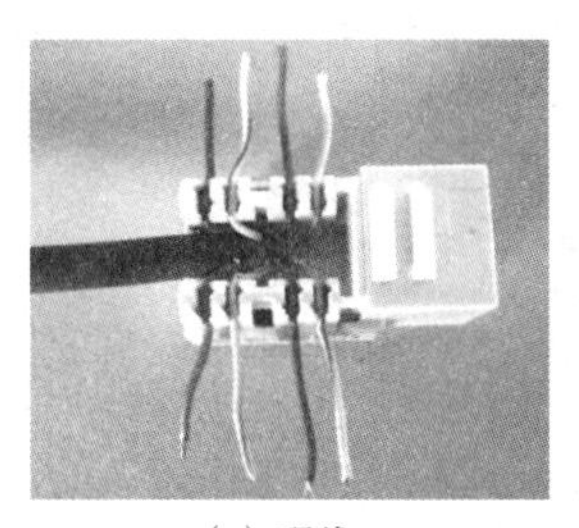

(a) 理线

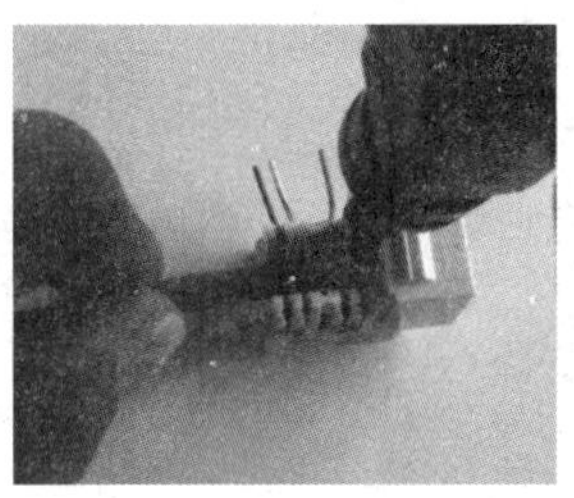

(b) 打线

(c) 成型

图 2-4　打线作业

注意事项：

① 用手在压线口按照线序把线芯整理好，然后开始压接，压接时必须保证打线钳方向正确，有刀口的一边必须在线端方向，正确压接后，刀口会将多余线芯剪断。否则，会将要用的网线铜芯剪断或者损伤。

② 打线钳必须保证垂直，突然用力向下压，听到“咔嚓”声，配线架中的刀片会划破线芯的外包绝缘外套，与铜线芯接触。

③如果打接时不突然用力，而是均匀用力时，不容易一次将线压接好，可能出现半接触状态。

④如果打线钳不垂直时，容易损坏压线口的塑料头，而且不容易将线压接好。

⑤多余线芯有时会未完全卡断，可用剪刀剪除。

(2) 5 对 110 打线器

5 对 110 打线器是一种简便快捷的 110 型连接端打线工具，如图 2-5 所示。它是 110 配线(跳线)架卡接连接块的最佳手段。一次最多可以接 5 对连接块，适用于线缆、跳接块及跳线架的连接作业。其操作方法与单打线器类似。

3. 压线钳

双绞线网线制作过程中，压线钳是最主要的制作工具，常见压线钳如图 2-6 所示。压线钳针对不同的线材会有不同的规格，多用压线钳可包括双绞线切割、外护套剥离、RJ-45、RJ-11 水晶头压接等多种功能。

图 2-5　5 对 110 打线器

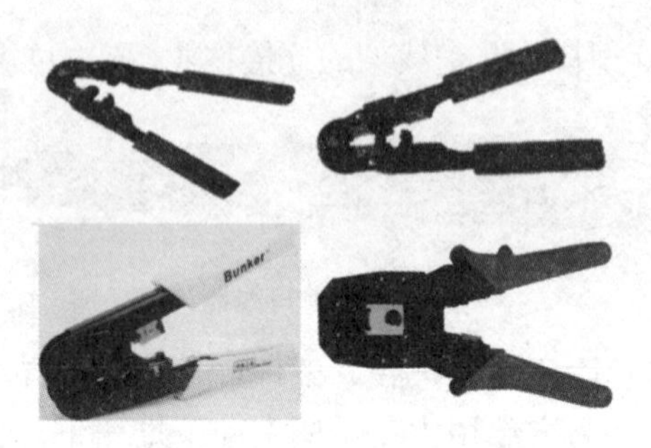

图 2-6　常见几种压线钳

压线钳使用较为简单：线芯按线序插入水晶头后，把水晶头按正确方向放入压线钳压线位置，然后紧握钳柄压紧。压线钳使用如图 2-7 所示。

图 2-7　压线钳使用

注意事项：

① 压线端口与水晶头要相匹配。

② 线芯插入水晶头时要插到位。

③ 压钳柄时需要用力压到位。

4. 手掌保护器

把双绞线的 4 对芯线卡入信息模块比较费劲，而且由于信息模块容易划伤手，于是就有公司专门研制生产一种打线保护装置，把信息模块嵌套到保护装置中，这样更加方便把线卡入信息模块中，另一方面也可以起到隔离手掌，保护手的作用。手掌保护器如图 2-8 所示。

二、光纤连接工具使用

光纤连接工具包括：开缆器 / 开缆刀、光纤剥离钳、皮线开剥器、光纤切割器、光纤熔接机等。

1. 开缆工具

开缆工具的功能是剥离光缆的护套，开缆有沿线缆纵向剖切和横向切断光缆外护套两种开缆方式，典型的几种开缆工具有横向开缆刀、纵向开缆刀、横向纵向综合开缆刀等。

图 2-8　手掌保护器

（1）横向开缆刀

横向开缆刀如图 2-9 所示，横向开缆刀使用如图 2-10 所示。光缆（电缆）按图 2-10 所示放置滚珠上，旋紧刀口螺钉的同时转动开缆刀。

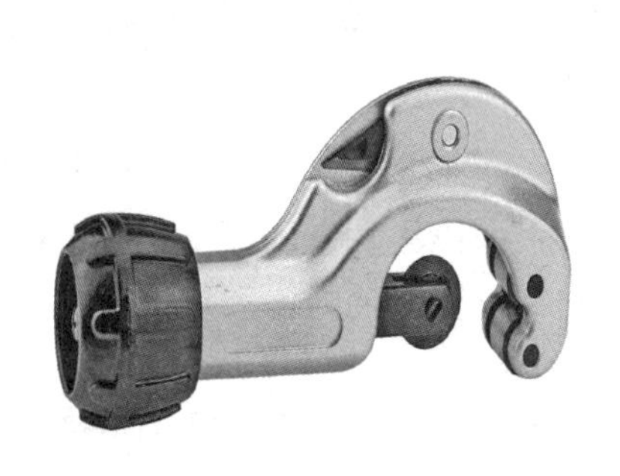

图 2-9　横向开缆刀

图 2-10　横向开缆刀使用

（2）纵向开缆刀

纵向开缆刀如图 2-11 所示。

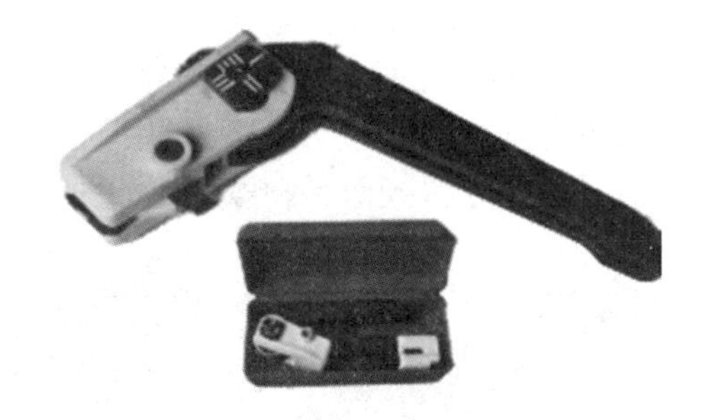

图 2-11　纵向开缆刀

纵向开缆刀是光缆施工及维护中用于纵向开剥光缆的一种理想工具。工具本身由手柄、齿轮夹、双面刀，以及偏心轮（可调四个位置）组成。调整偏心轮的四个可调位置可适应于剥除不同外护层厚度的光（电）缆。双面刀刀刃材质特殊、锋利而耐用。随工具还配送有黑色及黄色光（电）缆专用适配器、内六角螺丝刀、包装盒及操作说明。黄色适配器专用于光缆，黑色适配器则适用于小于 25 mm 的电缆；内六角螺丝刀则用于更换双面刀。

在实际纵向开剥光缆操作时，将黄色适配器套在双面刀处，调整光缆偏心器使其正确后，将刀口插入光缆，并使刀身与线缆平行，反复压动手柄即可。

（3）横向纵向综合开缆刀

横向纵向综合开缆刀使用轻巧，刀片持久耐用，是不中断缆线开剥的必备工具，如图 2-12 所示。

横向纵向综合开缆刀主要是用于缆线外皮护套（非金属）的横纵向开剥，可开剥缆线的直径范围为 8 ～ 30 mm。通过内置对称双刀头结构，对缆线护套实现双面对称开剥，也可旋转单面刀片，对缆线实现横向开剥。横向纵向综合开的使用如图 2-13 所示。

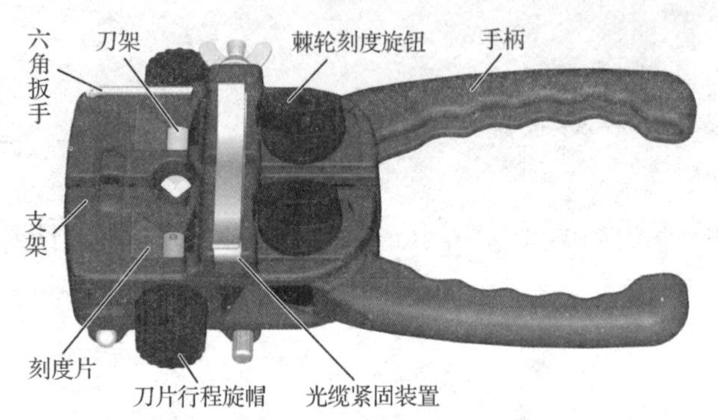

图 2-12　横向纵向开缆刀

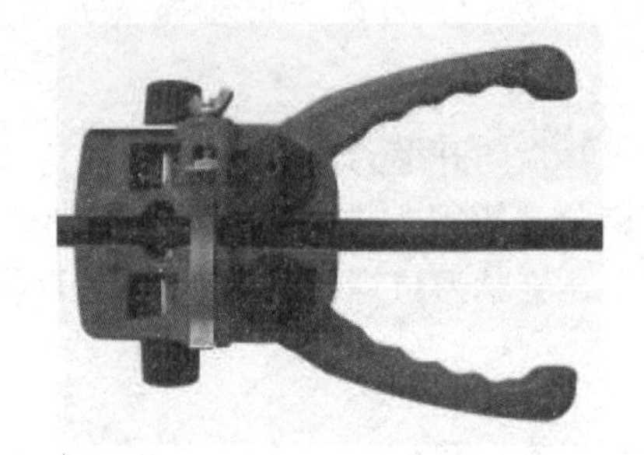

图 2-13　横向纵向开缆刀使用

纵向开剥功能是将缆线固定在一定长度的槽道内，根据缆线护套的厚度，调节槽道内对称刀片的适用深度。摇动对称双手柄，带动工具在缆线上的爬行，通过内置刀片纵向对称划开缆线的护套，实现缆线纵向开剥。

横向开剥功能是缆线固定在一定长度的槽道内，根据缆线护套的厚度，调节槽道内单面刀片的适用深度。单向 360° 旋转，实现对缆线的横向开剥。其主要特点是通过对称双手柄内的棘轮作为行走主动轮，以机械方式在缆线上爬行，比较其他开剥方式，更省时省力，可一次完成缆线护套的双面开剥，使缆线护套自然脱落，解决了老式工具开剥时难以固定、无法夹紧的不足，具有在光缆任何部位均可开剥的特点；同时也具备了横向开剥缆线的能力。

2. 光纤剥离钳

光纤剥离钳（米勒钳）用于剥离光纤涂覆层，光纤剥离钳的种类很多，图 2-14 是一款简易三孔剥离钳。它具有三开孔、多功能的特点。钳刃上的 V 形口用于精确剥离涂覆层缓冲层。所有的切端都有精密的机械公差，以保证干净、平滑操作。剥离作业如图 2-15 所示。

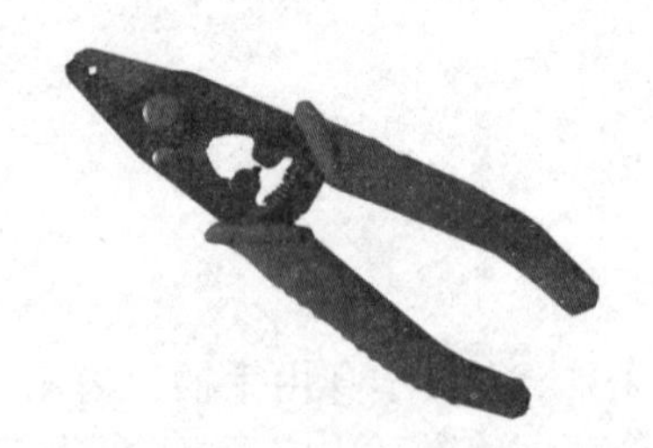

图 2-14　光纤剥离钳

（a）一孔剥护套

（b）二孔剥紧套

（c）三孔剥涂覆层

图 2-15　光纤剥离作业

3. 皮线开剥器

皮线开剥器用于单芯或双芯皮线开剥，如图 2-16 所示。

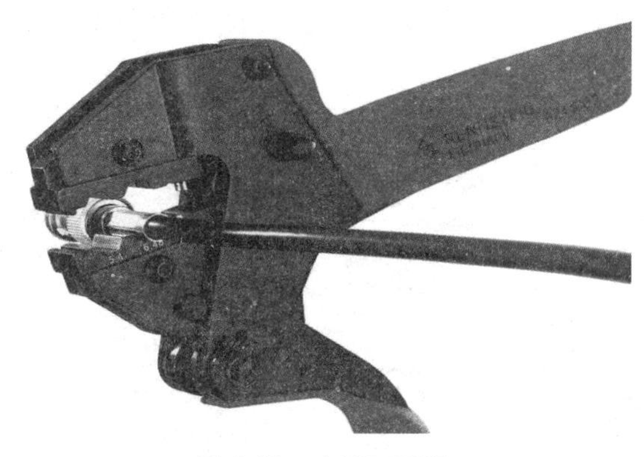

图 2-16　皮线开剥器

4. 光纤切割器

通信光缆施工、故障抢修、局域网光缆施工等光纤的连接中，均需要将被连接光纤的端面切割好，这必须要使用光纤切割器。常见光纤切割器如图 2-17 所示。

图 2-17 所示光纤切割器为机械式光纤切割器，采用精密圆片刀切割光纤。在操作过程中，只要轻轻一推，就可完成光纤的切割。当打开上盖时，刀座自动回到初始位置，方便下次切割。该切割刀适合单模或多模石英光纤的切割。当更换光纤夹具时，还可以切割多达 12 芯的带状光纤。

5. 光纤熔接机

光纤熔接机用于光纤熔接，它种类繁多，一般采用芯对芯标准系统进行快速、全自动熔接。光纤熔接机一般配有摄像头和显示器，能够进行 x、y 轴同步观察，能够自动识别光纤类型，自动校准熔接位置，自动选择最佳熔接程序。图 2-18 所示为常见光纤熔接机。

图 2-17　光纤切割器

图 2-18　光纤熔接机

相关知识

网络综合布线常用工具

任务一仅介绍了网络综合布线常用的连接专业工具。实际中，进行网络综合布线还会使用到很多常用工具，下面按铜缆常用工具、光纤常用工具的分类进行图示介绍。

1. 铜缆常用工具

铜缆常用工具如图 2-19 所示。

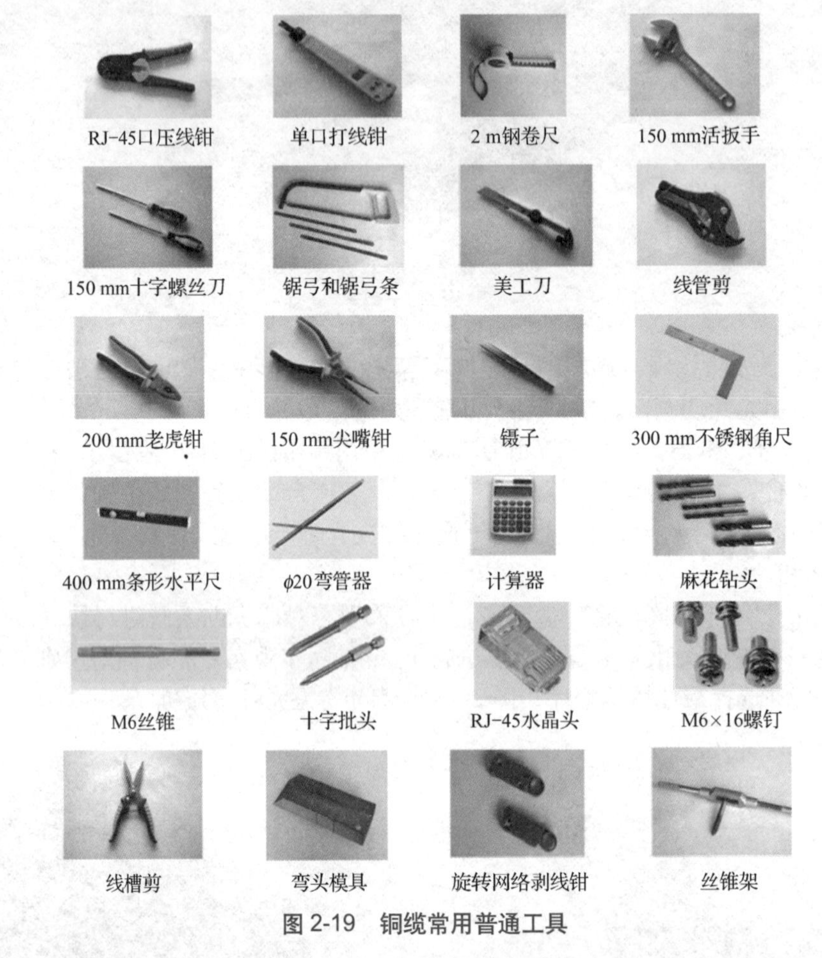

图 2-19 铜缆常用普通工具

2. 光缆常用工具

光缆常用工具如图 2-20 所示。

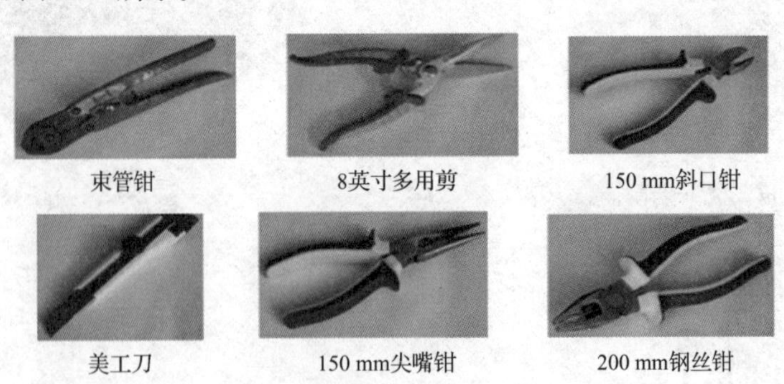

图 2-20 光缆常用普通工具

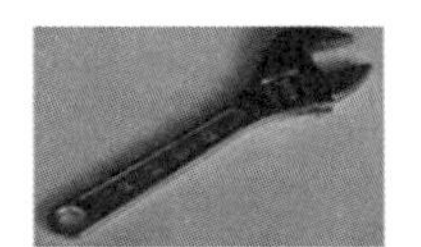
150 mm活动扳手

酒精棉球

清洁球

酒精泵

微型螺丝刀

组合螺丝刀

图 2-20 光缆常用普通工具（续）

任务测评

姓名		学号	分值	自评	互评	师评
序号	观察点	评分标准				
1	学习态度	遵守纪律	2			
		学习积极性、主动性	3			
2	学习方法	明确任务	2			
		认真分析任务，明确需要做什么	3			
		按任务实施完成任务	3			
		认真学习相关知识	2			
3	技能掌握情况	双绞线端接工具认知、使用技能	20			
		光纤连接工具认知、使用技能	20			
4	知识掌握情况	认识双绞线端接工具，掌握其使用方法	15			
		认识光纤连接工具，了解其使用方法	10			
		认识网络综合布线常用工具	10			
5	职业素养	团队关系融洽	3			
		协商、讨论并解决问题	2			
		互相帮助学习	2			
		做好 5S(整理、整顿、清理、清洁、自律)	3			

任务二 测试工具使用

任务描述

提高网络综合布线工程的施工质量，不仅需要有一支素质高，经过专门训练、实践经验丰富的施工队伍来完成工程任务，更重要的是需要使用测试工具进行科学有效的测试来监督保障工程施工质量。本任务是认识了解基本的测试工具，并能够使用基本测试工具进行网络综合布线相关测试。

任务分析

布线系统的测试包括现场测试和验收测试，现场测试包括系统电源和系统接地测试、线缆通断测试、链路验证测试等，进行这些测试经常使用的工具有：数字万用表、接地电阻测量仪、网络测试仪、电缆线序检测仪（MicroMapper）、电缆验证仪（MicroScanner Pro）及单端电缆测试仪等。

任务实施

一、系统电源、系统接地测试工具使用

系统电源测试常用数字万用表，系统接地测试常用接地电阻测量仪。

1. 数字万用表

数字万用表是最基本的电工工具，综合布线系统中主要用于设备间、楼层配线间和工作区电源系统的测量检测，也用于测量双绞线的连通性。常见数字万用表如图 2-21 所示。

图 2-21　常用数字万用表

网络综合布线中数字万用表主要用于测量电压（系统电源测量）和电阻（线缆连通性测试）。

（1）测量电压

测量电压时，适当选择好量程，如果是测量直流电压的话，就要打到直流电压挡 V–（DCV）；如果测量交流电压的话就要打到交流电压挡 V~（ACV）。将红表笔插入 VΩ 孔，黑表笔插入 COM 孔，然后并联进电路测量电压。如果不知道被测信号有多大，则要选择最大量程测量。测量直流电的时候不必考虑正负极，因为数字表不像指针表，直流信号测量反了，表针反打，数字表只是会显示符号，说明信号是从黑表笔进入。

（2）测试电阻

测量电阻的时候，首先要把万用表打到电阻挡，适当选择量程，如果不知道被测电阻阻值有多大，则应该选择最大量程，然后将红表笔插入 VΩ 孔，黑表笔插入 COM 孔，接在电阻的两端，不分正负极，因为电阻没有正负极。如果测量中发现数字万用表显示“1”，则要使用最大挡测量一遍；如果使用最大挡测量该电阻阻值还是“1”，则说明该电阻开路；如果测量中发现电阻阻值为 001，说明该电阻内部击穿。测量的时候不要用手去握表笔金属部分，以免混入人体电阻，会引起测量误差。

2. 接地电阻测试仪

接地电阻测试仪是检验测量接地电阻的常用仪表，也是电气安全检查与接地工程竣工验收不可缺少的工具，功能齐全的接地电阻测试仪能满足所有接地测量要求。一台功能强大的接地电阻测试仪由微处理器控制，可自动检测各接口连接状况及地网的干扰电压、干扰频率，并具有数值保持及智能提示等功能。

图 2-22 所示为一款常用钳形接地电阻测试仪，钳形接地电阻测试仪广泛应用于电力、电信、气象、油田、建筑及工业电气设备的接地电阻测量。钳形接地电阻测试仪在测量有回路的接地系

统时，无须断开接地引下线，不需辅助电极，安全快速、使用简便。

钳形接地电阻测试仪的使用如图 2-23 所示。

图 2-22 钳形接地电阻测试仪

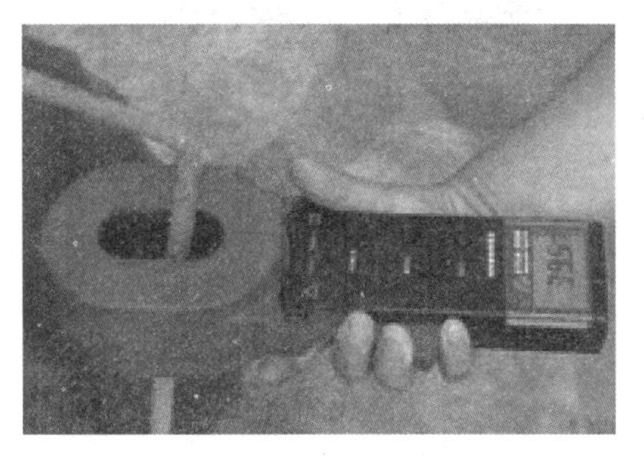

图 2-23 钳形接地电阻测量仪使用

二、线缆通断测试工具使用

简单网线通断测试仪是最常用的一种线缆通断测试工具。常见的通断测试仪如图 2-24 所示。

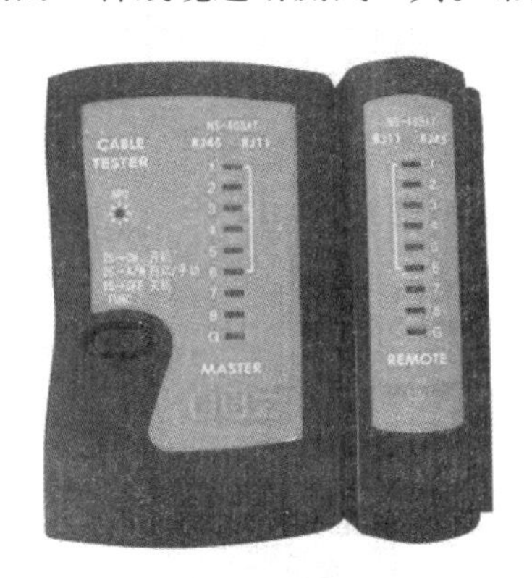

图 2-24 通断测试仪

简单网线通断测试仪包括主机和远端机，测试时，线缆两端分别连接上主机和远端机，根据显示灯的闪烁次序就能判断双绞线 8 芯线的通断情况。

三、线缆验证工具使用

线缆验证测试仪表都具有最基本的连通性测试功能，主要检测电缆通断、短路、线对交叉等接线故障。线缆验证工具包括：电缆线序检测仪（MicroMapper）、电缆验证仪（MicroScanner Pro）及单端电缆测试仪（FLUKE620），下面仅对它们做简单介绍。

1. 电缆线序检测仪

电缆线序检测仪是小型手持式验证测试仪，如图 2-25 所示，它可以方便地验证双绞线电缆的连通性。包括检测开路、短路、跨接、反接及串绕等问题。

2. 电缆验证仪

电缆验证仪如图 2-26 所示，使用电缆验证仪可以检测电缆的通断、电缆的连接线序、电缆故障的位置，从而节省了安装的时间和费用。

图 2-25　电缆线序检测仪

图 2-26　电缆验证仪

3. 单端电缆测试仪

单端电缆测试仪如图 2-27 所示，它是一种单端电缆测试仪，进行电缆测试时不需在电缆的另外一端连接远端单元即可进行电缆的通断、距离、串绕等测试。

图 2-27　单端电缆测试仪

相关知识

一、测试类型

网络综合布线工程的测试从工程的角度分为两类：验证测试和认证测试。

验证测试一般是在施工的过程中由施工人员边施工边测试，以保证所完成的每一个连接的正确性。

认证测试是指对布线系统依照标准进行逐项检测，以确定布线是否达到设计要求，包括连接性能测试和电气性能测试。

认证测试通常分为自我认证和第三方认证两种类型。

1. 自我认证

这项测试由施工方自行组织，按照设计施工方案对工程所有链路进行测试，确保每一条链路都符合标准要求。

2. 第三方认证

委托第三方对系统进行验收测试，以确保布线施工的质量。

第三方认证测试目前采用两种做法。

全面测试：对工程要求高，使用器材类别多，投资较大的工程，建设方请第三方对工程做全面验收测试。

抽样测试：建设方请第三方对综合布线系统链路做抽样测试。按工程大小确定抽样样本数量，一般 1 000 个信息点以上的抽样 30 %，1 000 个信息点以下的抽样 50 %。

二、认证测试模型

1. 基本链路模型

基本链路包括三部分：最长为 90 m 的建筑物中固定的水平布线电缆、水平电缆两端的接插件（一端为工作区信息插座，另一端为楼层配线架）和两条与现场测试仪相连的 2 m 测试设备跳线。基本链路连接模型应符合图 2-28 所示，其中 F 是信息插座至配线架之间的电缆，G、E 是测试缆线，G 和 E 分别为 2 m，F 电缆不大于 90 m。链路 F 一般是综合布线承包商负责安装的，链路质量由其负责，所以基本链路又称为承包商链路。

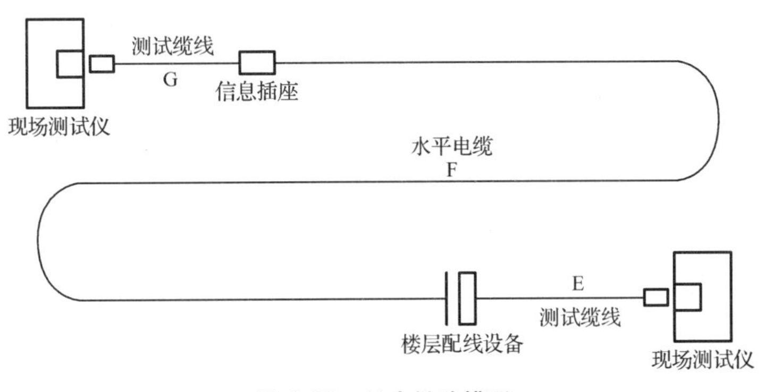

图 2-28 基本链路模型

2. 信道链路模型

信道指从网络设备跳线到工作区跳线间端到端的连接，它包括了最长为 90 m 的建筑物中固定的水平布线电缆、水平电缆两端的接插件（一端为工作区信息插座，另一端为楼层配线架）、一个靠近工作区的可选的附属转接连接器、最长为 10 m 的在楼层配线架上的两处连接跳线和用户终端连接线，信道最长为 100 m。信道模型中，A 是用户端连接跳线，B 是转接电缆，C 是水平电缆，D 是最大 2 m 的跳线，E 是配线架到网络设备间的连接跳线，B + C 最大长度为 90 m，A + D + E 最大长度为 10 m。信道测试的是网络设备到计算机间端到端的整体性能，是用户所关心的，故信道又被称为用户链路，如图 2-29 所示。

3. 永久链路模型

永久链路又称固定链路，它由最长为 90 m 的水平电缆、水平电缆两端的接插件（一端为工作区信息插座，另一端为楼层配线架）和链路可选的转接连接器组成，如图 2-30 所示。H 为从信息插座至楼层配线设备（包括集合点）的水平电缆，其长度不大于 90 m。其与基本链路的区别在于基本链路包括两端的 2 m 测试电缆。

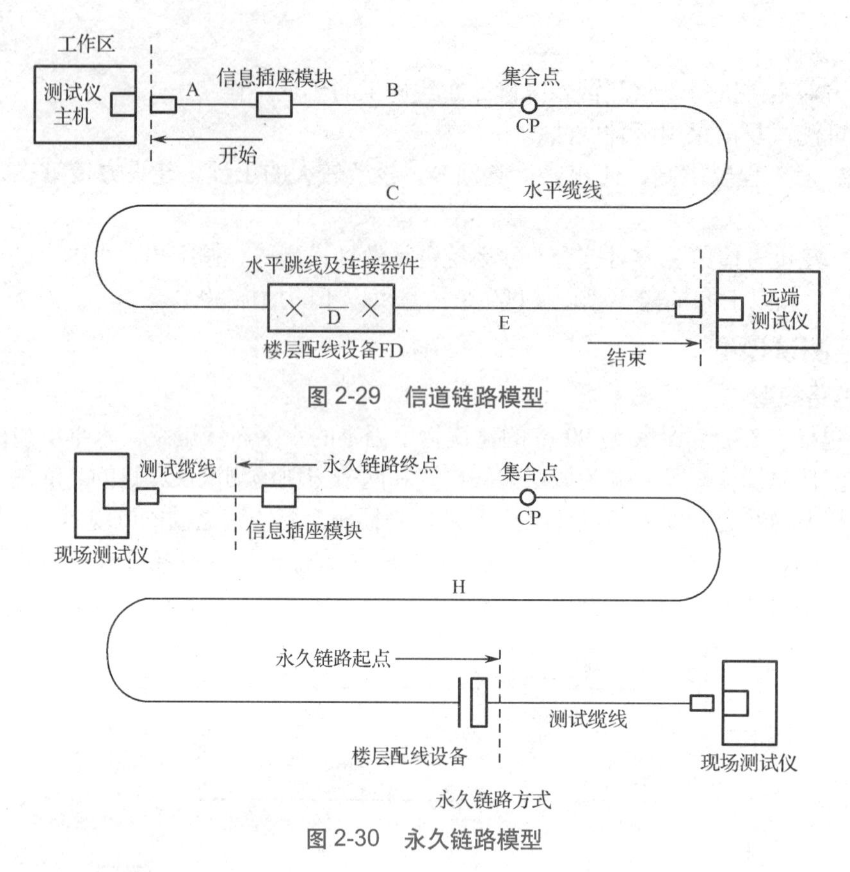

图 2-29　信道链路模型

图 2-30　永久链路模型

4. 各种模型之间的差别

图 2-31 显示了三种测试模型之间的差异，主要体现在测试起点和终点的不同、包含的固定连接点不同和是否可用终端跳线等。

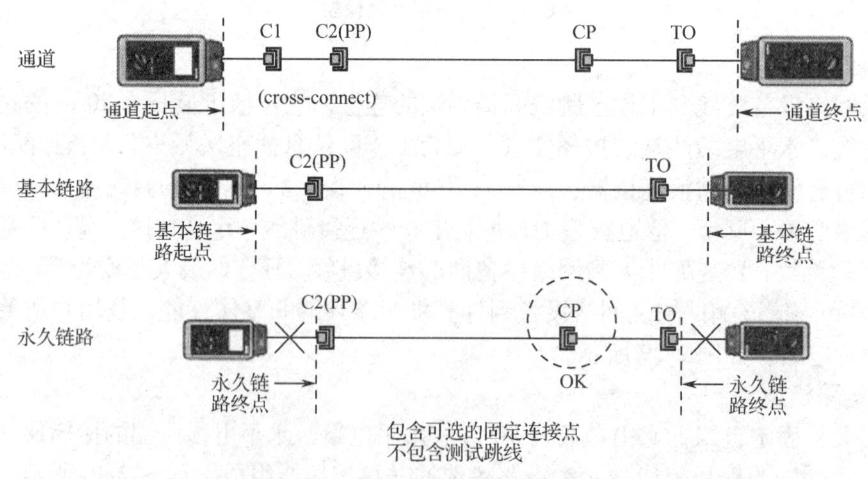

图 2-31　三种链路连接模型差异比较

任务测评

姓名		学号		分值	自评	互评	师评
序号	观察点	评分标准					
1	学习态度	遵守纪律		2			
		学习积极性、主动性		3			
2	学习方法	明确任务		2			
		认真分析任务，明确需要做什么		3			
		按任务实施完成任务		3			
		认真学习相关知识		2			
3	技能掌握情况	系统电源、接地测试工具认知、使用技能		15			
		线缆通断测试工具认知、使用技能		10			
		线缆验证工具认知技能		10			
4	知识掌握情况	认识系统电源、接地测试工具，掌握其使用方法		10			
		认识线缆通断测试工具，掌握其使用方法		10			
		认识线缆验证工具		10			
		掌握测试、认证测试的概念、方法		10			
5	职业素养	团队关系融洽		3			
		协商、讨论并解决问题		2			
		互相帮助学习		2			
		做好 5S(整理、整顿、清理、清洁、自律)		3			

任务三　管槽安装、线缆敷设工具使用

任务描述

网络综合布线实际工程中，往往存在重视线缆系统安装而看轻、忽视管槽系统安装的现象，认为它技术含量低，是一种粗活、重活。管槽系统是综合布线的“面子”，起到保护线缆的作用，管槽系统的质量直接关系到整个布线工程的质量。本任务旨在熟悉管槽安装、线缆敷设常用工具，掌握这些工具的使用方法，并使用它们进行相关操作。

任务分析

网络综合布线工程施工主要任务是安装管槽、敷设线缆。安装管槽常用工具包括基本电工工具、常用五金工具及一些电动工具；敷设线缆常用工具有穿线器、线轴支架、放线滑车、牵引机等工具。本任务将逐一介绍以上工具，并完成相应操作。

任务实施

一、管槽安装工具使用

1. 电工工具

电工工具是布线施工中必备的工具，它一般包括以下工具：钢线钳、尖嘴钳、斜口钳、剥线钳、一字螺丝刀、十字螺丝刀、测电笔、电工刀、电工胶带、扳手、卷尺、铁锤、钢锉、镂钢锯等，电工工具一般装在电工工具箱中，电工工具箱还常备诸如水泥钉、木螺钉、自攻螺钉、塑料膨胀管、金属膨胀栓等小材料，如图2-32所示。

图2-32　电工工具箱

2. 常用五金工具

（1）线槽剪

线槽剪是PVC线槽或平面塑胶条切断专用剪，剪出的端口整齐美观。宽度在65 mm以下的线槽都可以使用。图2-33所示为常用线槽剪。

（2）管子钳

管子钳如图2-34所示，是用来安装钢管布线的工具，可以用它来装卸电线管上的管箍、锁紧螺母、管子活接头等。

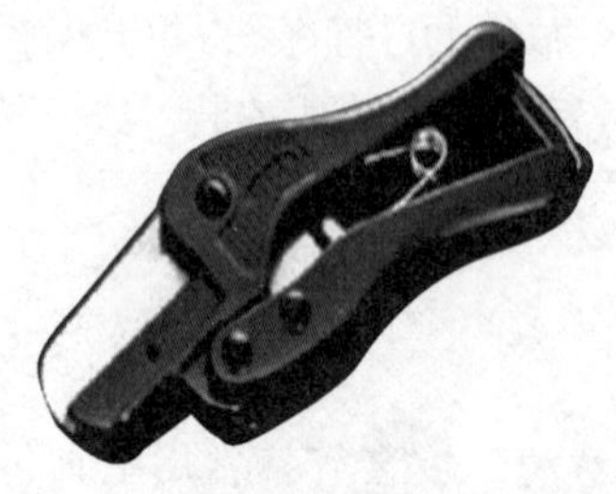

图2-33　线槽剪

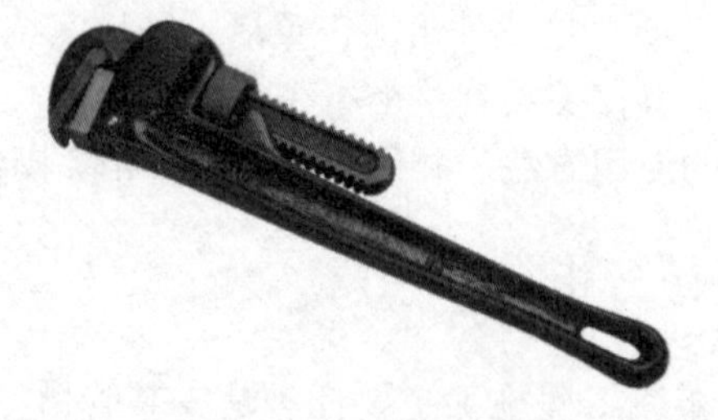

图2-34　管子钳

(3) 弯管器

常用简易弯管器，如图 2-35 所示，它用于 25 mm 以下的管子的弯曲。

3. 电动工具

(1) 充电旋具

充电旋具如图 2-36 所示，该工具可单手操作，配合各式通用的六角工具头，可以拆卸及锁入螺钉、钻洞等。

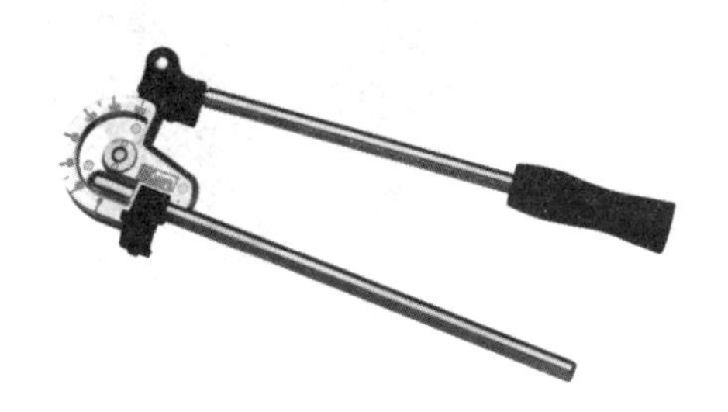

图 2-35　弯管器

图 2-36　充电旋具

(2) 手电钻

手电钻由电动机、电源开关、电缆和钻孔头等组成。用钻头钥匙开启钻头锁，使钻夹头扩开或拧紧，使钻头松出或固牢。常用电钻如图 2-37 所示。

(3) 冲击电钻

冲击电钻由电动机、减速器、冲击头、辅助手柄、开关、电源线、插头和钻头夹等组成，如图 2-38 所示。主要用于在混凝土、预制板、瓷面砖、砖墙等建筑材料上进行钻孔或打洞。

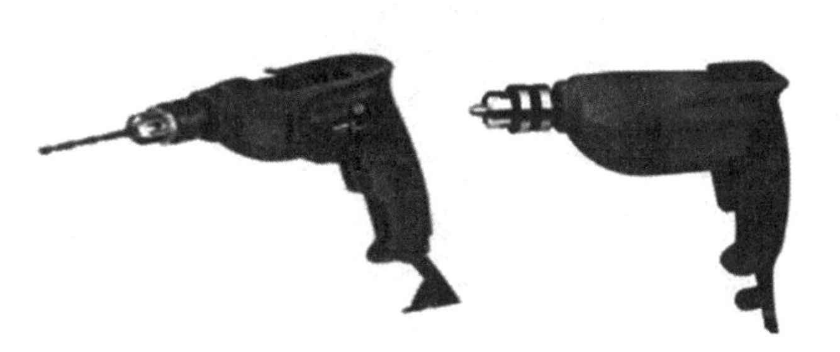

图 2-37　手电钻

图 2-38　冲击电钻

(4) 电锤

电锤是以单相串励直流电动机为动力，适用于混凝土、岩石、砖石砌体等脆性材料上钻孔、开槽、凿毛等作业。

二、线缆敷设工具

1. 穿线器

施工人员遇到线缆需穿管布放时，多采用铁丝牵拉。由于普通铁丝的韧性和强度不是为布线牵引设计的，操作极为不便，施工效率低，还可能影响施工质量。现在已广泛使用“牵引线”作为数据线缆或动力线缆的布放工具。

专用牵引线具有优异的柔韧性与高强度，表面为低摩擦因数涂层，便于在 PVC 管或钢管中穿行，可使线缆布放作业效率与质量大为提高。常见穿线器如图 2-39 所示。

2. 线轴支架

线轴支架用于线路施工中支撑线盘进行放线，如图 2-40 所示。

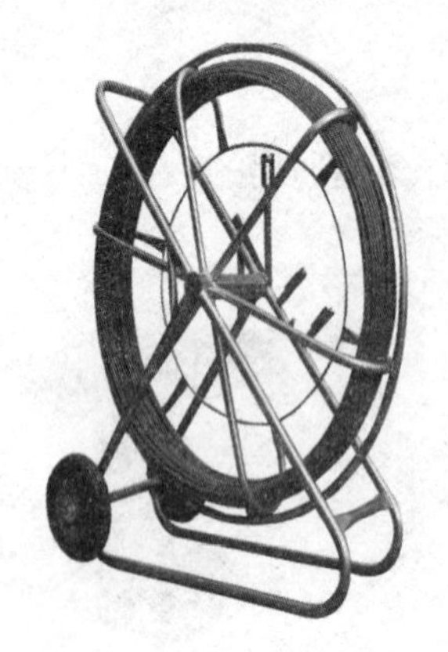
图 2-39　穿线器

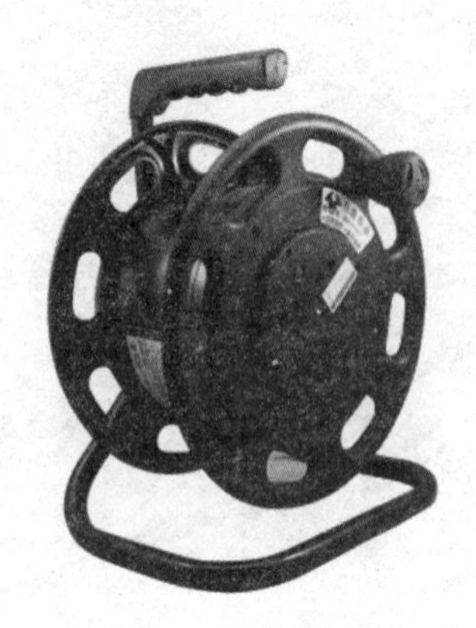
图 2-40　线轴支架

3. 放线滑车

放线滑车适用于各种条件的电缆敷设，如图 2-41 所示，轮子可以选用铝轮或尼龙轮。

4. 牵引机

在工程中进行放线操作时，为了提高放线的速度，会使用到牵引机，如图 2-42 所示。牵引机分为电动牵引和手摇式牵引。

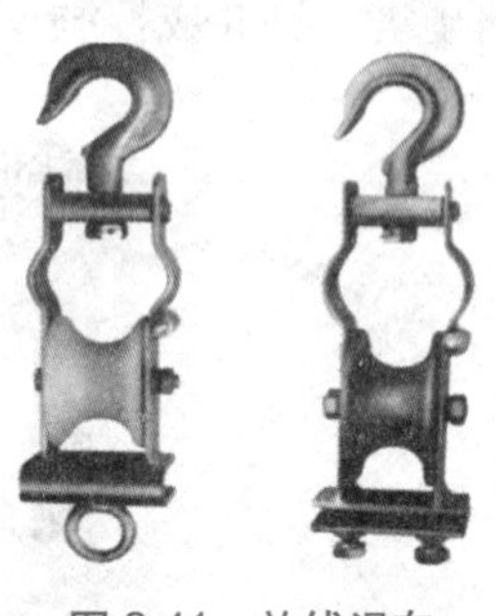
图 2-41　放线滑车

图 2-42　牵引机

一、常用电工工具

常用电工工具及简单说明，见表 2-2 所示。

表 2-2　常用电工工具

工　具	简单介绍
电工刀	切削工具；由刀片、刀刃、刀把、刀挂等构成；不用时，刀片应收缩到刀把内
电工钳	俗称老虎钳；它的前端口呈齿状，后端口呈剪刀口状；用力握紧钳柄可进行拔、拧和剪断等操作
尖嘴钳	前端细而长，适合在狭小空间里的一些简单操作

续表

工　具	简单介绍
螺丝刀	用于拧紧或拧松小型螺钉；分为一字螺丝刀、十字螺丝刀、多角形螺丝刀；使用时握住手柄将刀头插入螺钉帽上槽口内顺时针或逆时针拧动
验电笔（器）	用来检测导体是否有电压存在的常用工具。常用的有接触式、非接触式、发光的、有蜂鸣声响的、数显的、手表式的、笔式的、螺丝刀式的等；使用时一定要按正确操作规范安全使用
活扳手	用于拧紧或拧松螺母，活动扳手的开口根据螺母大小可调节
呆扳手	用于拧紧或拧松螺栓，是根据螺栓的规格大小制成固定尺寸的扳手，一端呈开口状，另一端呈梅花圈状。适用于螺栓需要经常拆卸的场合
内六角扳手	不同尺寸的钢材料的六方体弯成90°，适用于拧紧或松动内六角螺栓
绝缘电阻表	用于测量绝缘电阻，在导体和绝缘层之间加上适合的电压，根据泄漏的电流计算出电阻显示出来
电烙铁	运用电阻丝发热原理制成，可以将焊锡丝熔化，凝固后的焊锡可以将分开的导体连接在一起

二、手持电动工具安全

使用手持电动工具，必须提高安全用电意识和觉悟，充分重视用电安全，防止触电，确保人员生命安全，保证安全第一。

1. 手持电动工具导致触电的原因

手持电动工具导致触电的原因主要有：

① 接触电阻小、接触带电体后难以摆脱；

② 经常移动设备、电源线容易漏电；

③ 环境变动、恶劣；

④ 保护零线接错。

2. 电气设备的防护类别

电气设备的防护类别分为0类、Ⅰ类、Ⅱ类、Ⅲ类，如表2-3所示。

表2-3　电气设备的防护类别

类　别	保 护 性	安 全 性	方 便 性	使用情况
0类	仅靠基本绝缘防护	最差	好	不允许
Ⅰ类	绝缘＋接地（或接零）	较差	差	理论上不允许（实际中有使用）
Ⅱ类	双重（加强）或绝缘	较好	好	大量
Ⅲ类	靠安全电压进行保护	最好	差	较少

3. 手持电动工具的安全要求

① 电源开关灵活、牢固，接线无松动。

② 电源线应采用橡皮护套多股铜芯软线，电缆各部分应保证完好，不得有中间接头，不得破损。

③ Ⅰ类设备应有良好的接地或接零措施。

④ 机械防护装置无损伤、变形、松动。

⑤ 绝缘电阻合格。

Ⅰ类不低于 2 Ω；

Ⅱ类不低于 7 Ω；

Ⅲ类不低于 10 Ω。

4. 手持电动工具使用注意事项

① 使用前应辨认铭牌，是否与使用环境相适应；

② 检查工具的外壳、机械防护装置、插座、插头、电源线有无损坏；

③ 检查电源的电压、相数；

④ 长期未使用的工具，使用前应检查转动部分是否灵活，然后测试绝缘电阻是否合格；

⑤ 接通电源时，先对外壳进行验电；

⑥ 应严格按照操作规程操作；

⑦ 发生异常情况时立即切断电源。

5. 手持电动工具的维护检修制度

① 每季度至少检修一次，雷雨季节前应及时检查；

② 检查试验的项目含外壳、手柄、接地、插头、电源线、机械防护和保护装置、转动部分、绝缘电阻；

③ 非专业人员不得擅自拆卸和修理；

④ 维修时内部的绝缘材料不得任意调换、漏装；

⑤ 绝缘部分修理后进行绝缘的耐压试验，达不到要求必须做报废处理。

三、电缆线路敷设工具管理

施工现场中一切电动建筑机械和手持电动工具的选购、使用、检查和维修必须遵守下列规定：

① 选购的电动建筑机械、手持电动工具和用电安全装置，符合相应的国家标准、专业标准和安全技术规程；并且有产品合格证和使用说明书。

② 建立和执行专人专机负责制，并定期检查和维修保养。

③ 保护零线的电气连接应做保护接零，对产生振动的设备其保护零线的连接点不少于两处。

④ 在做好保护接零的同时，还要根据电动机械的种类和使用场所条件等要求装设漏电保护器。

⑤ 电动建筑机械或手持电动工具的负荷线，必须按其容量选用无接头多股铜芯橡皮护套软电缆。其性能应符合国标的要求。其中绿 / 黄双色线在任何情况下只能用作保护零线或重复接地线。

⑥ 每一台电动建筑机械或手持电动工具的开关箱内，除应装设过负荷、短路、漏电保护装置外，开关箱内的开关电器必须在任何情况下都可以使用电设备实行电源隔离。

任务测评

姓名		学号		分值	自评	互评	师评
序号	观察点	评分标准					
1	学习态度	遵守纪律		2			
		学习积极性、主动性		3			

续表

姓名		学号		分值	自评	互评	师评
序号	观察点	评分标准					
2	学习方法	明确任务		2			
		认真分析任务，明确需要做什么		3			
		按任务实施完成任务		3			
		认真学习相关知识		2			
3	技能掌握情况	简单管槽安装工具认知、使用技能		15			
		线缆敷设工具工具认知、使用技能		15			
4	知识掌握情况	认识管槽安装工具，掌握其使用方法		10			
		认识线缆敷设工具，掌握其使用方法		10			
		认识常用电动工具，了解其用途		10			
		了解工具使用安全及管理		15			
5	职业素养	团队关系融洽		3			
		协商、讨论并解决问题		2			
		互相帮助学习		2			
		做好 5S(整理、整顿、清理、清洁、自律)		3			

项目总结

本项目通过线缆端接工具使用、线缆测试工具使用及管槽安装、线缆敷设工具使用三个任务，逐一地对剥线器、打线器、压线钳、手掌保护器开缆器 / 开缆刀、光纤剥离钳、光纤切割器、光纤熔接机、数字万用表，接地电阻测量仪、电缆线序检测仪 (MicroMapper)、电缆验证仪 (MicroScanner Pro) 及单端电缆测试仪、线槽剪、弯管器、充电旋具、电钻、冲击电钻、电锤、穿线器、线轴支架、放线滑车、牵引机等常用网络综合布线工具作了基本介绍，使用读者认知常用网络综合布线工具，并掌握一些基本的网络综合布线工具的使用。

自我测评

一、填空题

1. 线缆包括__________，__________，__________等。

2. 双绞线端接工具有____________________等(列 6 种以上)。

3. 光纤连接工具有__________、__________、__________、__________、__________等。

4. 数字万用表在网络综合布线工程中主要用来测量__________、__________等。

5. 管槽安装用到的工具有__________等(列 5 种以上)。

二、选择题

6.（　　）是制作 RJ-45 跳线必备的工具。

A. 打线器　　B. 压线钳　　C. 大对数线　　D. 斜口剪

7. 通常网络综合布线施工中来检测双绞线链路是否连通的工具是（　　）。

A. 万用表　　B. 简易测试仪　　C. 网线连接机　　D. 线缆工具

8. 线槽剪的作用是（　　）。

A. 剪线　　B. 剪槽　　C. 剪管　　D. 剪板

9. 光纤剥离钳不能用于剥离（　　）。

A. 光纤外护层　　B. 光纤内护层　　C. 光纤涂覆层

10. 一般工程施工电气防护类别宜采用（　　）。

A. 0 类　　B. Ⅰ类　　C. Ⅱ类　　D. Ⅲ类

三、思考题

11. 光纤连接，敷设需要用到哪些工具?

12. 手持电动工具使用时要注意哪些安全问题?

13. 什么是认证测试?

14. 管槽安装要注意哪些安全问题?

15. 练习使用网络综合布线的常用工具。

项目三
网络综合布线工程基本技术

学习目标

知识目标

- 掌握 RJ-45 水晶头连接、信息模块连接技术。
- 掌握双绞线端接技术及原理。
- 掌握配线架连接。
- 掌握 PVC 管槽成型制作。
- 熟悉基本线缆敷设技术。

能力目标

- 能够熟练制作 RJ-45 网络跳线。
- 能够进行信息模块连接。
- 能够进行配线架连接。
- 能够进行 PVC 管槽成型制作。

网络综合布线工程是一项综合性、操作性、实践性很强的技术工程，网络综合布线工程技术人员的工程技术、基本操作是工程质量最重要的决定因素。工程技术人员的操作技术需要在工程实践中不断积累、丰富。特别是网络工程基本技术更需要加强训练、熟练掌握。

网络工程基本技术包括：双绞线端接技术及双绞线敷设技术、常用 PVC 管槽成型制作技术及安装技术。

任务一 双绞线端接器件连接

任务描述

双绞线端接技术直接影响网络系统的传输速率、稳定性和可靠性，也直接决定综合布线系统永久链路和信道链路的测试结果。一般每个信息点的网络连线为设备跳线 → 墙面模块 → 楼层机柜通信配线架 → 网络配线架 → 交换机连接跳线 → 交换机级联线等。需要平均端接 10 ~ 12 次，每次端接 8 根芯线，因此在工程技术施工中，每个信息点大约平均需要端接 80 芯或者 96 芯，熟练掌握配线端接技术非常重要。本任务要求是进行综合布线双绞线端接器件的端接。

任务分析

综合布线双绞线端接器件包括 RJ-45 水晶头、信息模块及配线架等，与之相应本任务包括制作网络跳线、信息模块连接、配线架端接。

任务实施

一、制作网络跳线

1. 网络跳线制作标准

EIA / TIA 的布线标准中规定了两种双绞线的线序 568A 与 568B。

（1）标准 568A

标准 568A 线序为：绿白—1，绿—2，橙白—3，蓝—4，蓝白—5，橙—6，棕白—7，棕—8，如图 3-1 所示。

（2）标准 568B

标准 568B 线序为：橙白—1，橙—2，绿白—3，蓝—4，蓝白—5，绿—6，棕白—7，棕—8，如图 3-2 所示。

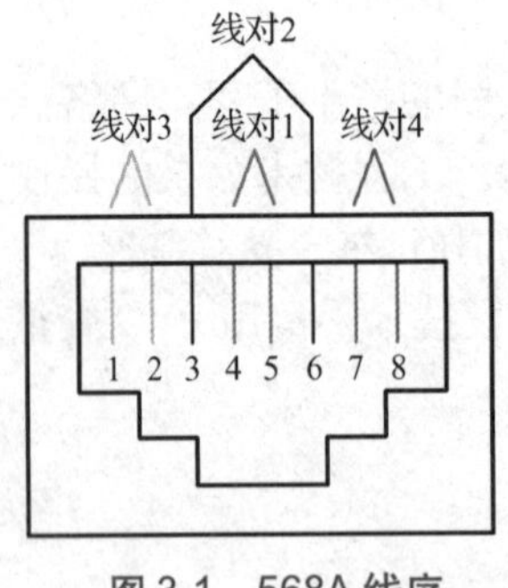

图 3-1　568A 线序

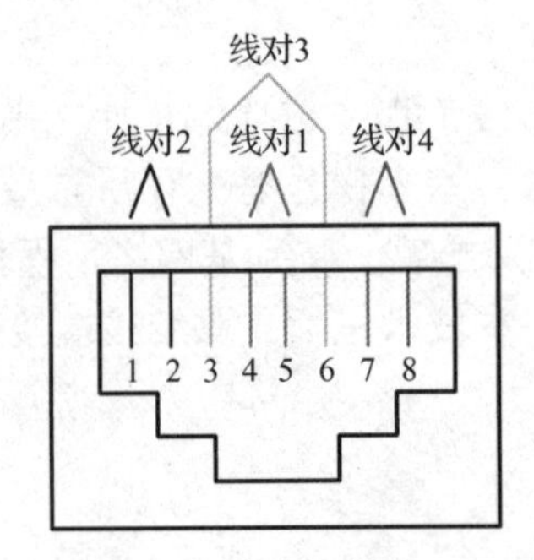

图 3-2　568B 线序

以太网的网线使用 1，2，3，6 编号的芯线传递数据。

(3) 直通线

直通线用于计算机和集线器、计算机和交换机、路由器和集线器、路由器和交换机之间的连接，当交换机级联时，用于级联端口和其普通端口相连的情况。

直通线制作：两头线序都遵循 T568B。

(4) 交叉线

交叉线用于计算机与计算机、集线器和集线器、交换机和交换机、路由器和计算机之间的连接，当集线器级联时，用于集线器的普通端口和其普通端口相连的情况。

交叉线制作：一头遵循 T568B，另一头遵循 T568A。

2. 制作步骤

① 准备好 5 类 UTP 双绞线、RJ-45 插头和一把专用的压线钳，如图 3-3 所示。

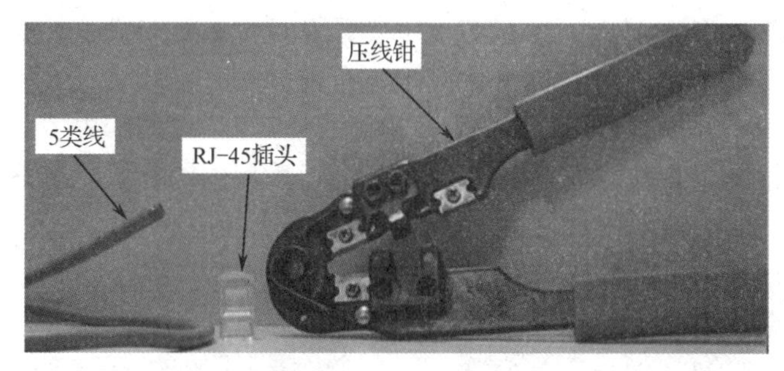

图 3-3　跳线制作材料与工具

② 用压线钳的剥线刀口将 5 类双绞线的外保护套管划开（小心不要将里面的双绞线的绝缘层划破），刀口距 5 类双绞线的端头至少 2 cm，如图 3-4 所示。

③ 将划开的外保护套管剥去（旋转、向外抽），如图 3-5 所示。

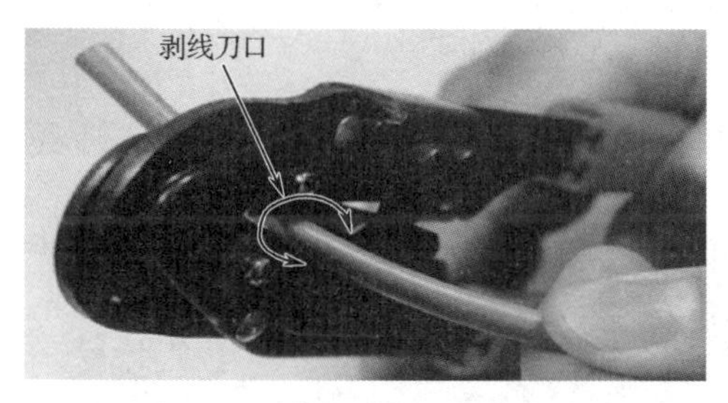

图 3-4　切线

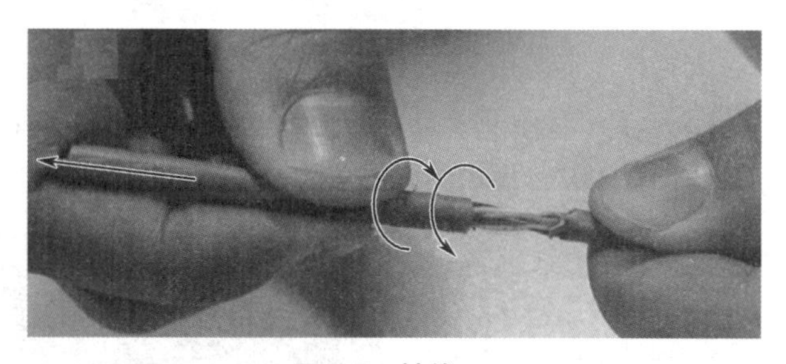

图 3-5　抽线

④ 露出 5 类 UTP 中的 4 对双绞线，如图 3-6 所示。

⑤ 按照接线标准和导线颜色将导线按规定的序号排好，如图 3-7 所示。

图 3-6　理线

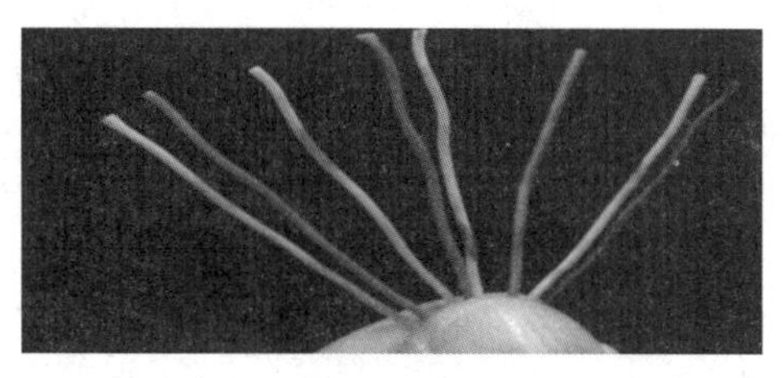

图 3-7　顺线

⑥ 将 8 根线芯平坦整齐地平行排列，线芯间不留空隙，如图 3-8 所示。

⑦ 用压线钳的剪线刀口将 8 根线芯剪断，如图 3-9 所示。

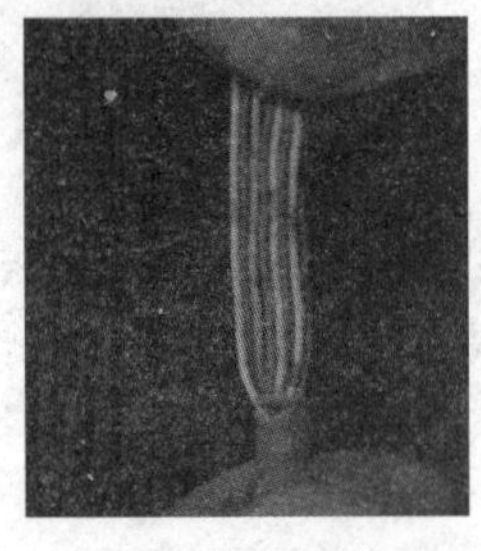

图 3-8　排线

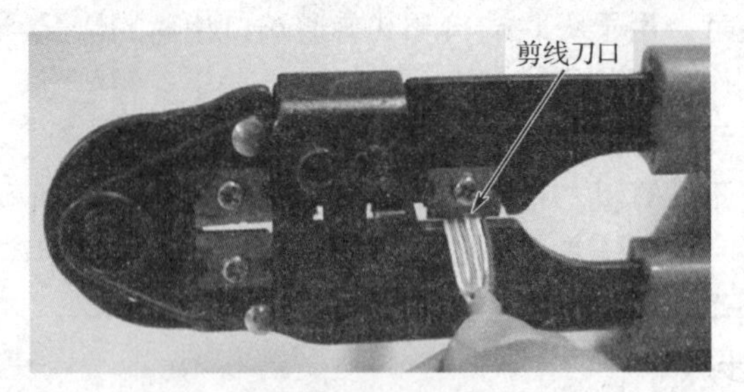

图 3-9　剪线

⑧ 线芯剪好如图 3-10 所示，注意：线芯一定要剪整齐，剥露的线芯长度可预留长一些。

⑨ 一只手捏住水晶头，将有弹片的一侧向下，有针脚的一端指向远离自己的方向，另一只手捏平双绞线，最左边是第 1 脚，最右边是第 8 脚。将排好的线芯插入 RJ–45 插头试试长短(要插到底)，如图 3-11 所示，双绞线的外保护层最后应能够在 RJ–45 插头内的凹陷处被压实，如过长，可抽出重剪后再插入。

图 3-10　排剪好后的线序

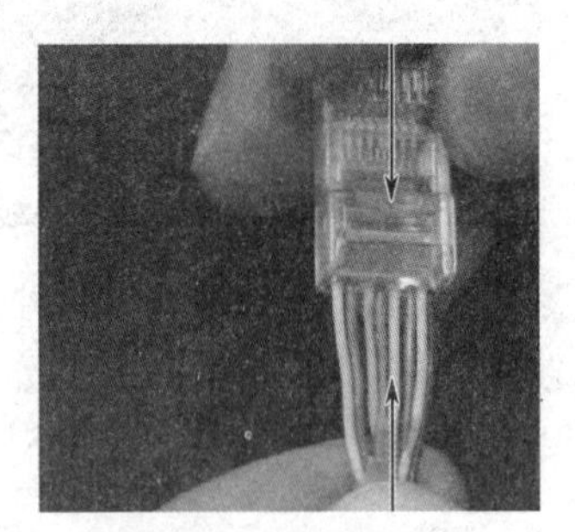

图 3-11　插线

⑩ 在确认一切都正确后（特别要注意不要将导线的顺序排列反了），将 RJ–45 插头放入压线钳的压头槽内，准备最后压实，如图 3-12 所示。

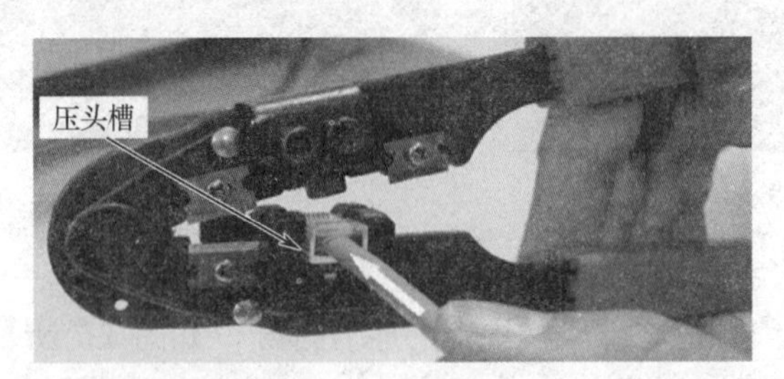

图 3-12　准备压线

⑪ 双手紧握压线钳的手柄，用力压紧。在这一步骤完成后，插头的 8 个针脚接触点就穿过导线的绝缘外层，分别和 8 根导线紧紧地压接在一起，如图 3-13 所示。

⑫ 一端制作完成，如图 3-14 所示。

⑬ 按步骤② ~ ⑫ 制作另一端，两端都按要求制作完成，一根网络跳线才完全制作完成。

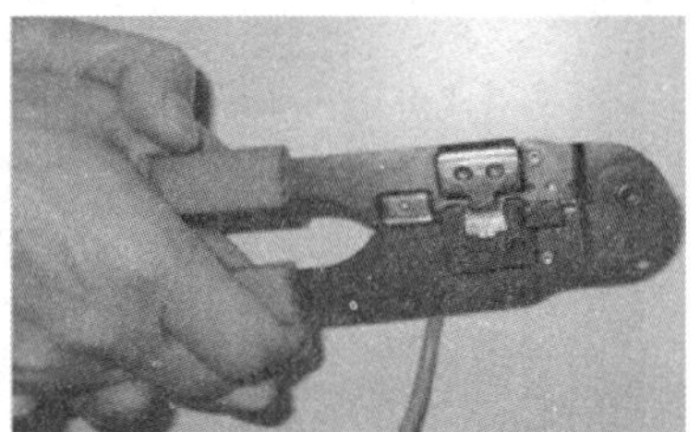

图 3-13 压线

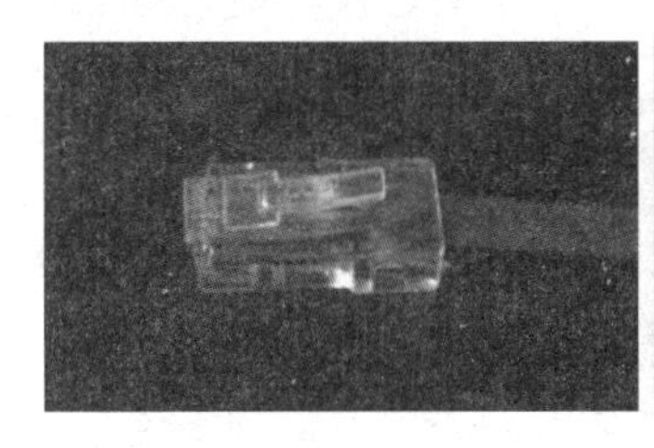
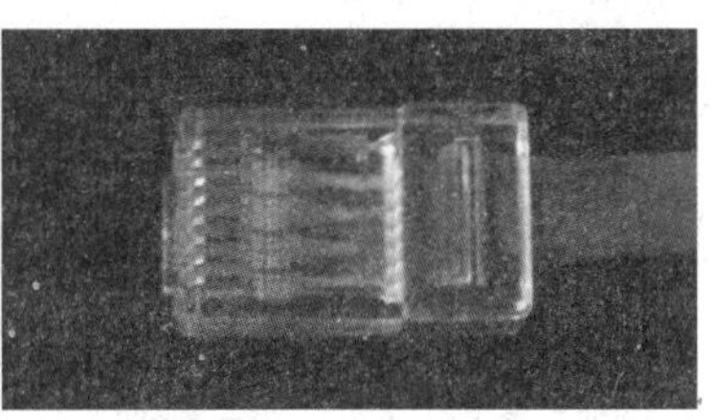

图 3-14 制作完成

3. 测试

跳线制作完成后必须进行测试，测试时将双绞线两端的水晶头分别插入主测试仪和远程测试端的 RJ-45 端口，将开关调至“ON”（S 为慢速挡），观察主机指示灯闪亮顺序，如图 3-15 所示。

测试直通线灯亮顺序：1—1、2—2、3—3、4—4、5—5、6—6、7—7、8—8。

测试交叉线灯亮顺序：1—3、2—6、3—1、4—4、5—5、6—2、7—7、8—8。

如果指示灯闪亮顺序符合上述闪亮顺序表示跳线制作成功。

图 3-15 网络测试仪

二、信息模块连接

1. 认识信息模块

目前网络工程中常用信息模块有两类：一类为卡接模块，一类为插接模块；卡接模块需要进行打线卡接；插接模块俗称为免打模块，它连接时不需要打线，只需要插好压紧即可，其操作更简单方便。打线模块和免打模块，如图 3-16、图 3-17 所示。

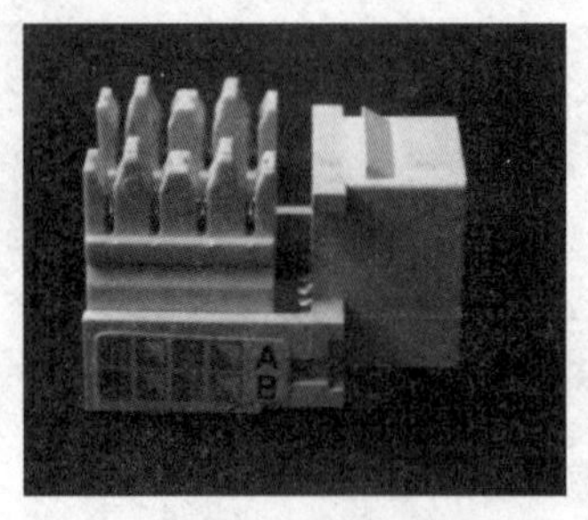

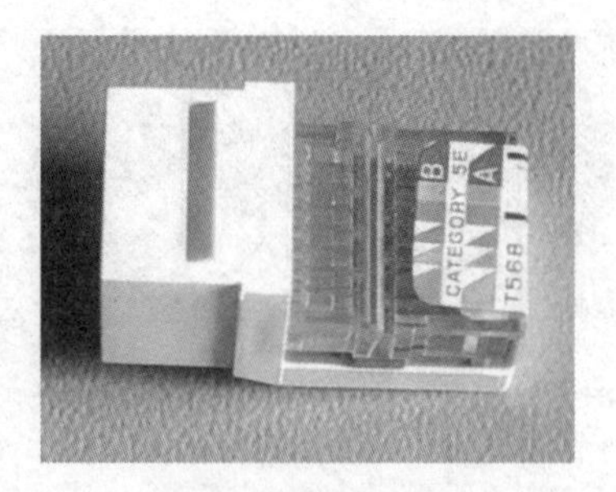

图 3-16　打线模块　　　　图 3-17　免打模块

本任务仅完成免打模块的连接。

2. 连接步骤

① 使用螺丝刀在模块的反面稍微用力压住压线盖卡口，取下压线盖，如图 3-18 所示。

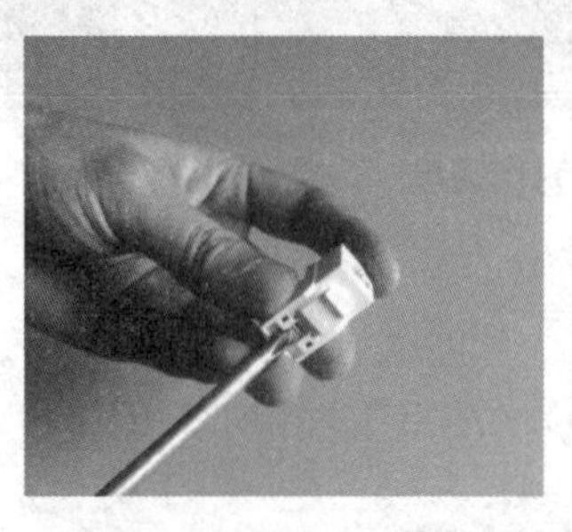

图 3-18　取下压线盖

② 使用剥线器剥线，如图 3-19 所示。

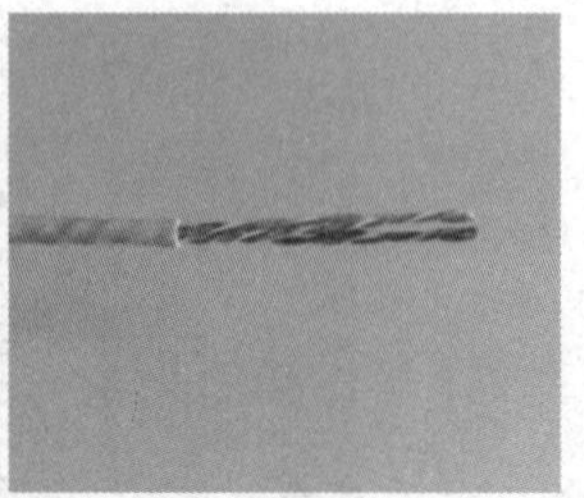

图 3-19　剥线

③ 按需要所连接标准把线芯按压线盖所标示颜色顺序排列，如图 3-20 所示。

④ 排好线序后，整齐排列线芯，并用剪刀剪成斜角，把多余线芯剪除，如图 3-21 所示。

图 3-20　抽线　　　　图 3-21　整理线芯

⑤ 把整理好的线芯小心插入压线盖，如图 3-22 所示。

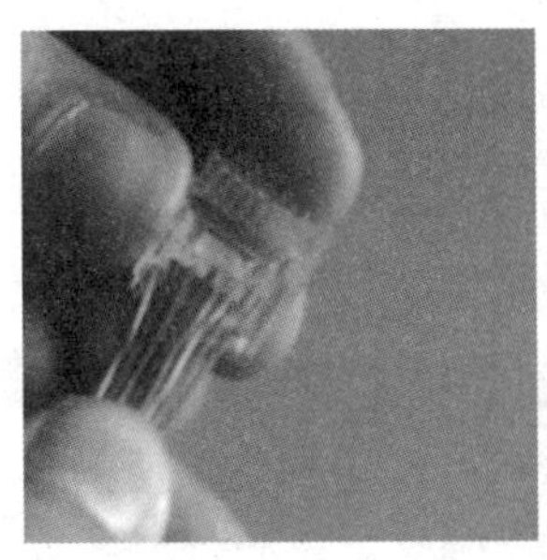
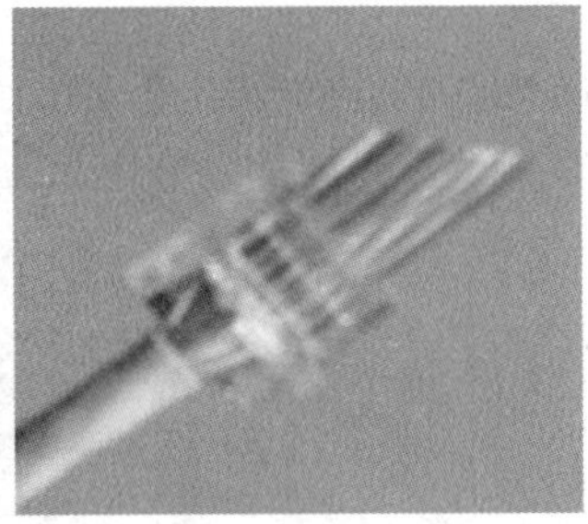

图 3-22　线芯插入压线盖

⑥ 沿压线盖边沿剪除多余线芯 ，如图 3-23 所示。

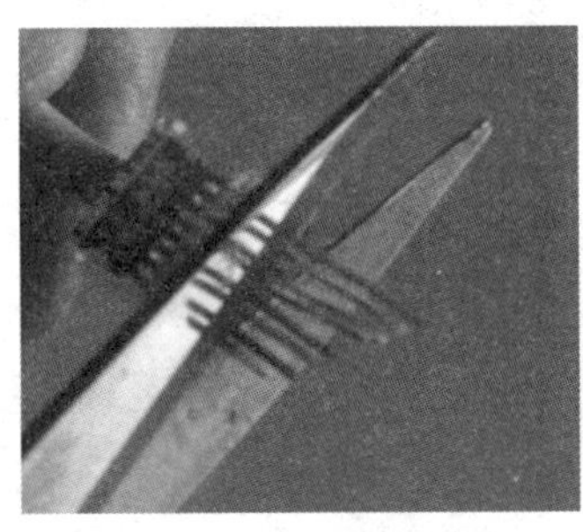
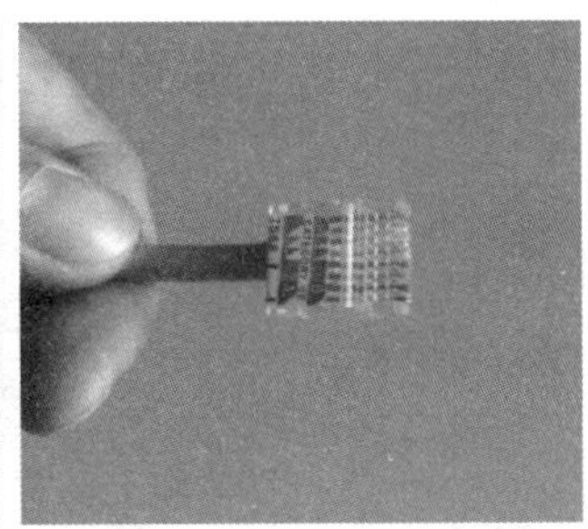

图 3-23　剪除多余线芯

⑦ 把穿好线的压线盖盖在模块上，如图 3-24 所示。

⑧ 使用压线钳内侧口压紧压线盖，如图 3-25 所示。

图 3-24　压线盖盖在模块上

图 3-25 压紧压线盖

⑨ 完成连接，如图 3-26 所示。

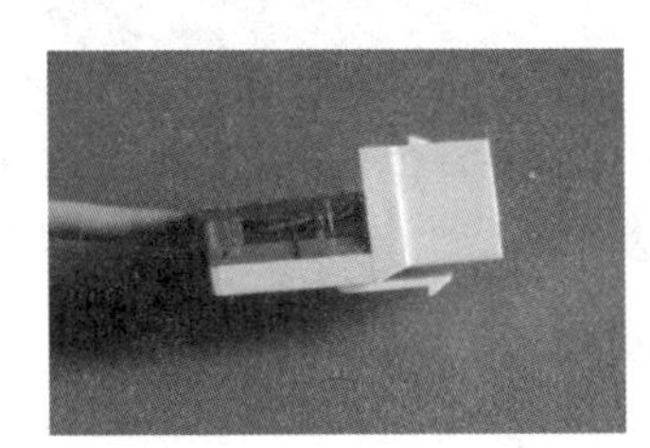

图 3-26　制作完成

三、配线架连接

1. 认识配线架

配线架是用对前端信息点进行管理的模块化设备，分为固定端口配线架和模块化配线架。前端的信息点线缆进入管理（设备）间后首先进入配线架，将线打在配线架的模块上，然后用跳线（RJ-45 接口）连接配线架与交换机。图 3-27 所示为 Cat5E 配线架正反面。

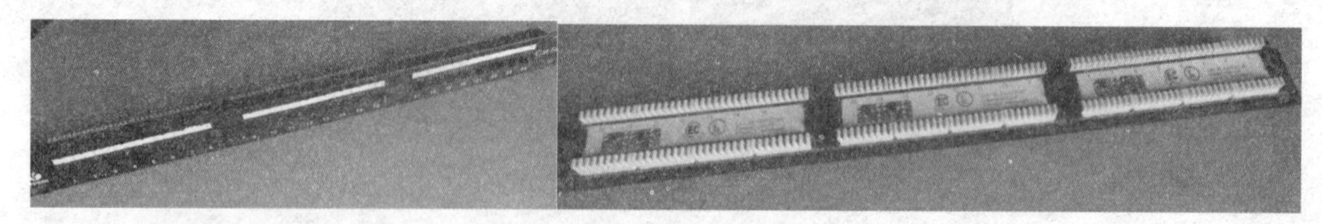

图 3-27　Cat5E 配线架正反面

2. 连接步骤

① 使用剥线器剥线，如图 3-28 所示。

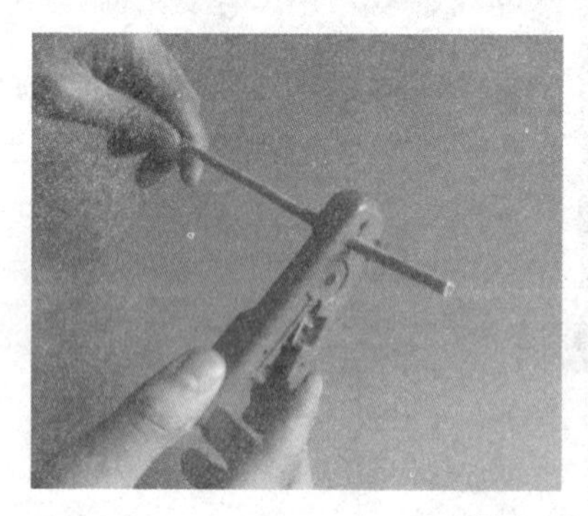

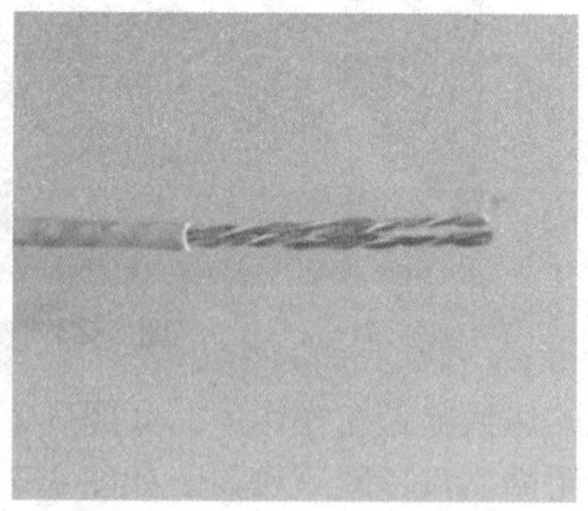

图 3-28　剥线

② 按标准把线芯对照配线架所标示颜色顺序排列，如图 3-29 所示。

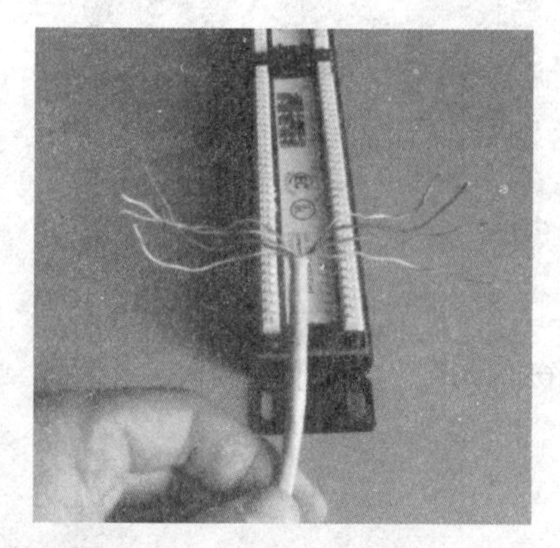

图 3-29　整理线序

③ 按线序颜色把线芯轻卡在配线架卡口上，如图 3-30 所示。

④ 使用打线器打线，打线时注意，打线器切口向外，打线器要注意垂直向下打下，如图 3-31 所示。

⑤ 完成连接，如图 3-32 所示。

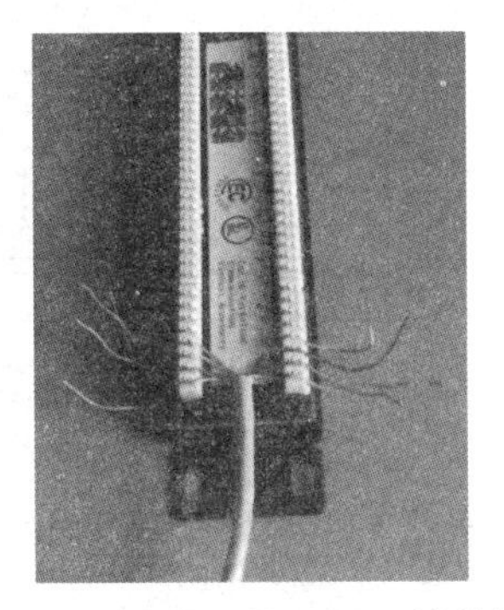

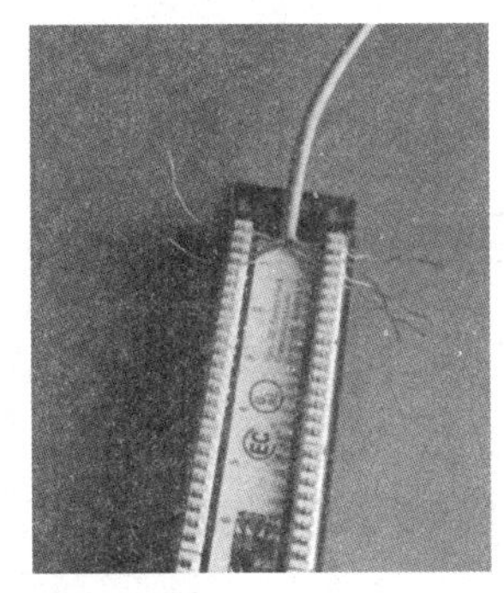

图 3-30　线芯轻卡配线架卡口

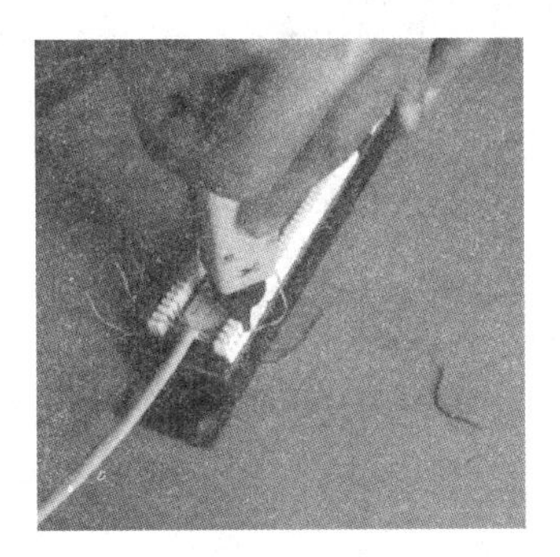

图 3-31　打线

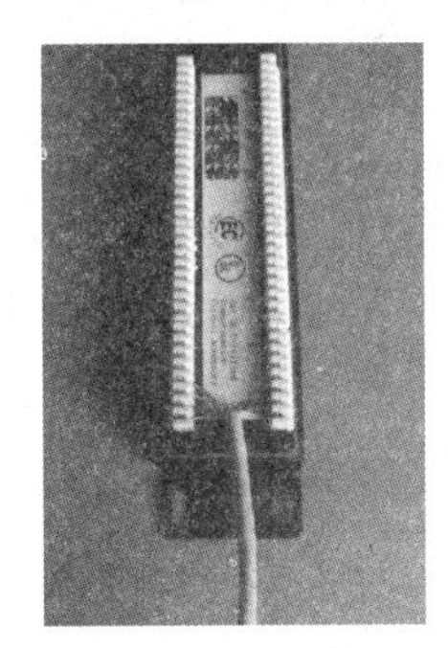

图 3-32　制作完成

相关知识

一、网络配线端接技术

1. 配线端接技术原理

综合布线系统配线端接的基本原理是，将线芯用机械压力压入两个刀片中，在压入过程中刀片将绝缘护套划破使刀片与铜线芯紧密接触，同时金属刀片的弹性将铜线芯夹紧，从而实现长期稳定的电气连接，如图 3-33 所示。

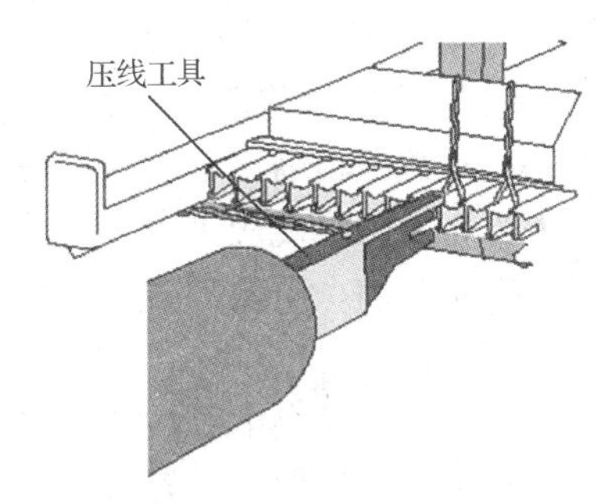

图 3-33　端接技术原理

2. RJ-45 水晶头端接原理

RJ-45 水晶头的端接原理为：利用压线钳的机械压力使 RJ-45 头中的刀片首先压破线芯绝缘护套，然后再压入铜线芯中，实现刀片与线芯的电气连接，如图 3-34、图 3-35 所示。一个 RJ-45 头中有 8 个刀片，每个刀片与 1 个线芯连接，仔细观察可观察到压接后 8 个刀片比压接前低。

3. 网络模块端接原理和方法

网络模块端接原理为：利用压线钳的压力将 8 根线逐一压接到模块的 8 个接线口，同时裁剪掉多余的线头。在压接过程中刀片首先快速划破线芯绝缘护套，与铜线芯紧密接触实现刀片与线芯的电气连接，这 8 个刀片通过电路板与 RJ-45 口的 8 个弹簧连接，如图 3-36、图 3-37 所示。

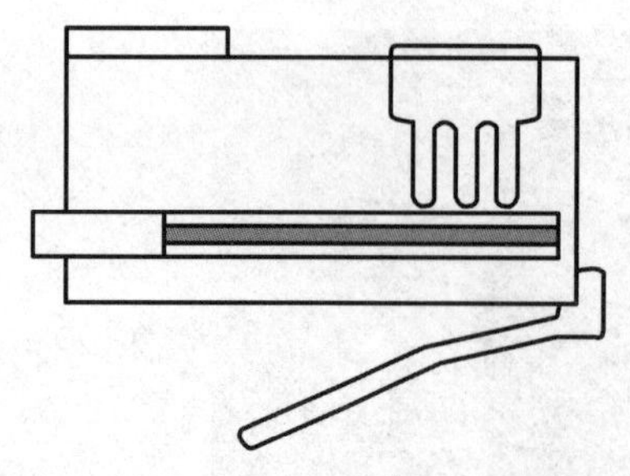

图 3-34　RJ-45 头刀片压线前位置图

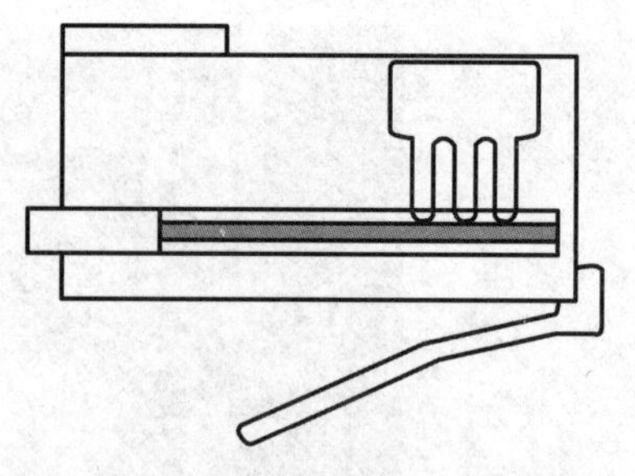

图 3-35　RJ-45 头刀片压线后位置图

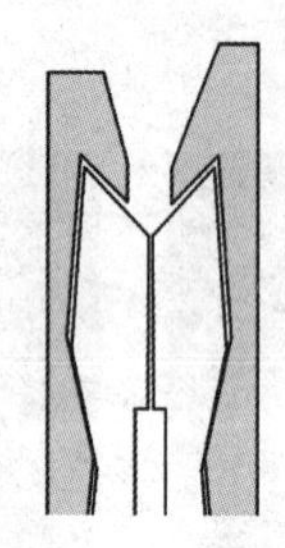

图 3-36　模块刀片压线前位置图

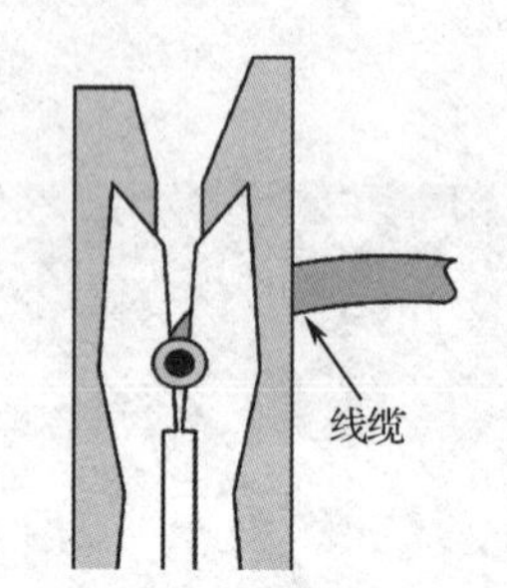

图 3-37　模块刀片压线后位置图

二、双绞线敷设技术

1. 双绞线的布线安全

在双绞线布线工程中，参加施工的人员应遵守以下几点：

① 穿着合适的衣服；

② 使用安全的工具；

③ 保证工作区的安全；

④ 制定施工安全措施。

2. 双绞线布放的一般要求

① 布放线缆前应核对其规格、程序、路由及位置是否与设计规定相符合；

② 布放的线缆应平直，不得产生扭绞、打卷等现象，不应受到外力挤压或有损伤；

③ 布放前，线缆两端应贴有标签，标明起始和终止位置以及信息点的标号，标签书写应清晰、端正和正确；

④ 信号电缆、电源线、双绞线缆、光缆及建筑物内的其他弱电线缆应分离布放；

⑤ 布放的线缆应有冗余。

3. 放线

(1) 拉线

从线缆箱中拉线操作步骤如下：

① 除去塑料塞；

② 通过出线孔拉出数米的线缆；

③ 拉出所要求长度的线缆，割断它，将线缆滑回到槽中，留数厘米伸出在外面；

④ 重新插上塞子以固定线缆。

(2) 剥线

剥线（线缆处理）步骤如下：

① 使用斜口钳在塑料外套上切开“1”字长的缝；

② 找出尼龙的拉绳；

③ 将电缆紧握在一只手中，用尖嘴钳夹紧尼龙拉绳的一端，并把它从线缆的一端拉开，拉的长度根据需要而定；

④ 割去无用的电缆外套。

4. 线缆牵引技术

线缆牵引技术：指用一条拉线将线缆牵引穿入墙壁管道、吊顶或地板管道的技术。它所用的方法取决于要完成工程的类型、线缆的质量、布线路由的难度。

(1) 牵引多条 4 对双绞线

方法一：

① 将多条线缆聚集成一束，并使它们的末端对齐；

② 用电工胶带紧绕在线缆束外面，在末端外绕 5 ~ 6 cm；

③ 将拉绳穿过电工带缠好的线缆并打好结。

方法二：

如果在拉线缆过程中连接点散开了，则要收回线缆和拉线重新制作，因此拉线和双绞线需要更牢靠的固定连接。

① 除去一些绝缘层，暴露出 5 cm 的裸线；

② 将裸线分成两束；

③ 将两束导线互相缠绕起来形成环；

④ 将拉绳穿过此环并打结，然后将电工带缠到连接点周围，要缠得结实和平滑。

(2) 牵引单条 25 对双绞线的方法

① 将线缆向后弯曲以便建立一个环，直径为 150 ~ 300 mm，并使得线缆末端与线缆本身绞紧；

② 用电工带紧紧地缠在绞好的线缆上，以加固此环；

③ 把拉绳拉接到缆环上；

④ 用电工带紧紧地将连接点包扎起来。

(3) 牵引多条 25 对双绞线的方法

① 剥除约 30 cm 的线缆护套，包括导线上的绝缘层；

② 使用斜口钳将线切去，留下约 12 根；

③ 将导线分成两个绞线组；

④ 将两组绞线交叉并穿过拉线的环，在线缆的一端建立一个闭环；

⑤ 将双绞线一端的线缠绕在一起以使环封闭；

⑥ 将电工带紧紧地缠绕在线缆周围，覆盖长度约 5 cm，然后继续再绕上一段。

5. 建筑物水平干线布线

(1) 管道布线

管道布线是在浇筑混凝土时已把管道预埋在地板中，管道内有牵引电缆线的钢丝或铁丝。施工时只需通过管道图纸了解地板管道，就可做出施工方案。

管道一般从管理区埋到信息插座安装孔，施工时只要将双绞线固定在信息插座的接线端，从管道的另一端牵引拉线就可将线缆引到管理间。

对于没有预埋管道的新建筑物，布线施工可以与建筑物装潢同步进行，这样便于布线，又不影响建筑的美观。

（2）吊顶内布线

吊顶内布线一般工作步骤如下：

① 索取施工图纸，确定布线路由。

② 沿着所设计的路由（即在电缆桥架槽体内）打开吊顶，用双手推开每块镶板。

③ 将多个线缆箱并排放在一起，并使出线口向上。

④ 加标注。纸箱上可直接写标注，线缆的标注写在线缆末端，贴上标签。

⑤ 将合适长度的牵引线连接到一个带卷上。

⑥ 从离配线间最远的一端开始，将线缆的末端（捆在一起）沿着电缆桥架牵引经过吊顶走廊的末端。

⑦ 移动梯子，将拉线投向吊顶的下一孔，直到绳子到达走廊的末端。

⑧ 将每两个箱子中的线缆拉出形成“对”，用胶带捆扎好。

⑨ 将拉绳穿过3个用胶带缠绕好的线缆对，绳子结成一个环，再用胶带将3对线缆与绳子捆紧。

⑩ 回到拉绳的另一端，人工牵引拉绳，所有的6条线缆（3对）将自动从线箱中拉出并经过电缆桥架牵引到配线间。

⑪ 对下一组线缆（另外3对）重复步骤⑧的操作。

⑫ 继续将剩下的线缆组增加到拉绳上，每次牵引它们向前，直到走廊末端，再继续牵引这些线缆一直到达配线间连接处。

6. 建筑物垂直干线布线

在竖井中敷设垂直干线一般有两种方式：向下垂放电缆和向上牵引电缆。相比较而言，向下垂放比向上牵引容易。

（1）向下垂放线缆的一般步骤

① 把线缆卷轴放到最顶层。

② 在离房子的开口（孔洞处）3 ~ 4 m处安装线缆卷轴，并从卷轴顶部馈线。

③ 在线缆卷轴处安排所需的布线施工人员（人数视卷轴尺寸及线缆质量而定），另外，每层楼上要有一个工人，以便引导下垂的线缆。

④ 旋转卷轴，将线缆从卷轴上拉出。

⑤ 将拉出的线缆引导进竖井中的孔洞。在此之前，先在孔洞中安放一个塑料的套状保护物，以防止孔洞不光滑的边缘擦破线缆的外皮。

⑥ 慢慢地从卷轴上放缆并进入孔洞向下垂放，注意速度不要过快。

⑦ 继续放线，直到下一层布线人员将线缆引到下一个孔洞。

⑧ 按前面的步骤继续慢慢地放线，并将线缆引入各层的孔洞，直至线缆到达指定楼层，进入横向通道。

（2）向上牵引线缆的一般步骤

条件：需要使用电动牵引绞车。

① 按照线缆的质量，选定绞车型号，并按绞车制造厂家的说明书进行操作。先往绞车中穿一条绳子。

② 启动绞车，并往下垂放一条拉绳（确认此拉绳的强度能保护牵引线缆），直到安放线缆的底层。

③ 如果缆上有一个拉眼，则将绳子连接到此拉眼上。

④ 启动绞车，慢慢地将线缆通过各层的孔向上牵引。

⑤ 缆的末端到达顶层时，停止绞车。

⑥ 在地板孔边沿上用夹具将线缆固定。

⑦ 当所有连接制作好之后，从绞车上释放线缆的末端。

7. 建筑群间电缆布线技术

在建筑群中敷设线缆时，一般采用两种方法，即地下管道敷设和架空敷设。

（1）管道内敷设线缆

在管道中敷设线缆时，有 3 种情况：

① 小孔到小孔敷设；

② 在小孔间的直线敷设；

③ 沿着拐弯处敷设。

可用人和机器来敷设线缆，到底采用哪种方法，依赖于下述因素：

① 管道中有没有其他线缆；

② 管道中有多少拐弯；

③ 线缆有多粗和多重。

（2）架空敷设线缆

架空敷设线缆基本要求：

① 电杆以 30 ~ 50 m 的间隔距离为宜；

② 根据线缆的质量选择钢丝绳，一般选 8 芯钢丝绳；

③ 接好钢丝绳；

④ 架设线缆；

⑤ 每隔 0.5 m 架一个挂钩。

8. 布线系统中线缆标识的选择

线缆敷设中需要选择适合的标签，选择了适合的标签后，就要考虑如何印制标签，印制的方法包括以下几种：

① 使用预先印制的标签。预先印制的标签有文字或符号两种。

② 使用手写的标签。手写标签要借助于特制的标记笔，书写内容灵活、方便，但要特别注意字体的工整与清晰。

③ 借助软件设计和打印标签。对于需求数量较大的标签而言，最好的方法莫过于使用软件程序，这类软件程序在印制标准的标签或设计与印制用户自己的专用标签时可提供最大的灵活性。

④ 使用手持式标签打印机现场打印。

任务测评

姓名		学号		分值	自评	互评	师评
序号	观察点	评分标准					
1	学习态度	遵守纪律		2			
		学习积极性、主动性		3			
2	学习方法	明确任务		2			
		认真分析任务，明确需要做什么		3			
		按任务实施完成了任务		3			
		认真学习了相关知识		2			
3	技能掌握情况	网络跳线制作技能		20			
		信息模块连接技能		20			
		配线架连接技能		20			
4	知识掌握情况	网络配线端接技术		5			
		双绞线敷设技术		10			
5	职业素养	团队关系融洽		3			
		协商、讨论并解决问题		2			
		互相帮助学习		2			
		做好5S（整理、整顿、清理、清洁、自律）		3			

任务二 光纤连接

任务描述

在进行长距离布线、意外断开、分支及光纤进户时都需要对光纤进行连接。光纤连接包括光纤冷接和光纤熔接。光纤熔接具有连接固定、光损耗小的优点，它主要应用于长距离布线连接，光传输损耗小的场合，而在光纤进户等一些对传输损耗要求不高，不便于使用熔接机进行熔接的场合则通常进行光纤冷接。本任务要求进行光纤冷接、熔接。

光纤熔接是把两段断开的光纤使用熔接机拼接在一起，光纤冷接是一种活动连接方式，它是通过端接方式实现光纤续接。本任务包括：SC光纤冷接子制作、光纤熔接。

一、SC光纤冷接子制作

1．光纤冷接

随着光纤到户（FTTH）技术的快速发展应用，光纤快速端接技术已经成为其中重要的一个环节，光纤冷接是指在光纤末端进行光纤活动连接的过程。光纤冷接相对于传统的热熔接续方式具有非常明显的优点：

① 操作简单，光缆开剥只需要一次，施工速度快；

② 对操作环境无特殊要求；

③ 无源施工；

④ 工具简单，易携带。

光纤冷接技术主要应用环境包括：一是配线光缆与入户皮线光缆进行快速接续，一般发生在光纤配线架中。二是用户家中接入点，主要是光纤信息面板内将皮线光缆端接形成端口。

2. 预埋式结构 SC 冷接子

预埋式结构 SC 冷接子采用的是在工厂将一段裸纤置入陶瓷插芯内，并将顶端进行研磨，操作者在现场只需要将另一端切割好光纤后插入即可，由于预埋结构前面预埋纤，工厂需研磨且在对接处填充匹配液，不过分依赖光纤端面切割的平整度，大大降低了对操作者的熟练程度的要求。由于接头的端面采用的是预先研磨的工艺，因此回波损耗指标好，该产品结构可以实现更好的插入损耗（0.5 dB 以下）和回波损耗（45 dB 以上）指标，可靠性与稳定性比较好。SC 光纤冷接子外观、内部结构如图 3-38、图 3-39 所示。

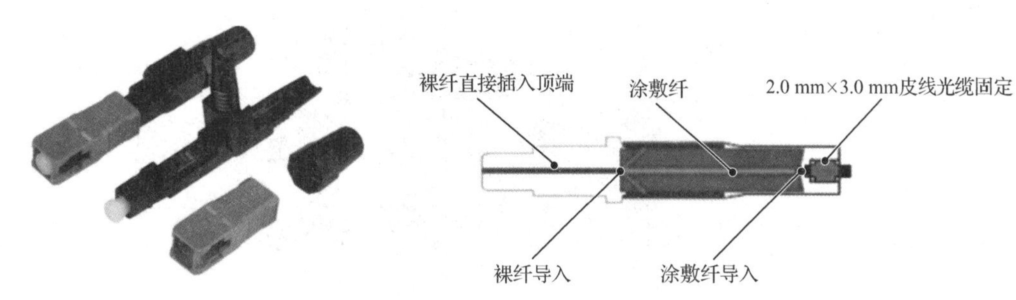

图 3-38　SC 光纤冷接子外观　　图 3-39　SC 光纤冷接子内部结构

3. 制作步骤

① 准备好光纤切割刀、光纤剥线钳、酒精泵、皮线开剥器等，如图 3-40 所示。准备一段皮线光缆、两个 SC 光纤冷接子。

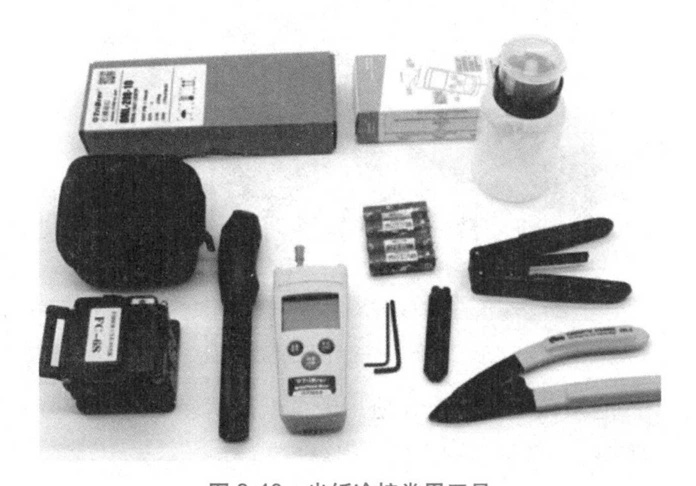

图 3-40　光纤冷接常用工具

② 将尾帽取出，套入光缆，如图 3-41 所示。

图 3-41　套入光缆

③ 使用光纤剥线钳剥去光缆外皮，留涂覆层长度 50 mm，如图 3-42 所示。

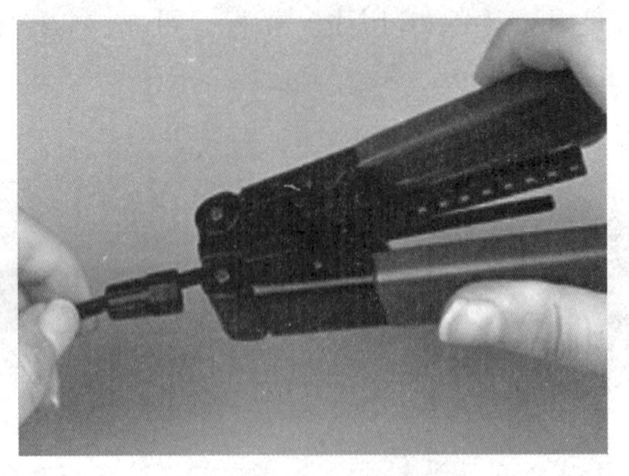

图 3-42　剥去光缆外皮

④ 把剥去外皮的光缆回写在定长器上,使用米勒钳剥去定长器外的光纤涂覆层,如图 3-43 所示。

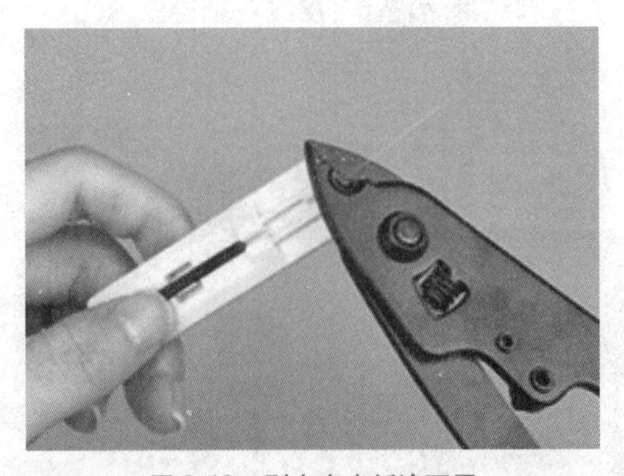

图 3-43　剥去定光纤涂覆层

⑤ 使用酒精泵取少许酒精在无尘纸上，使用无尘纸擦拭剥去外皮部分，至少擦拭三次，以清除光纤杂质，如图 3-44 所示。

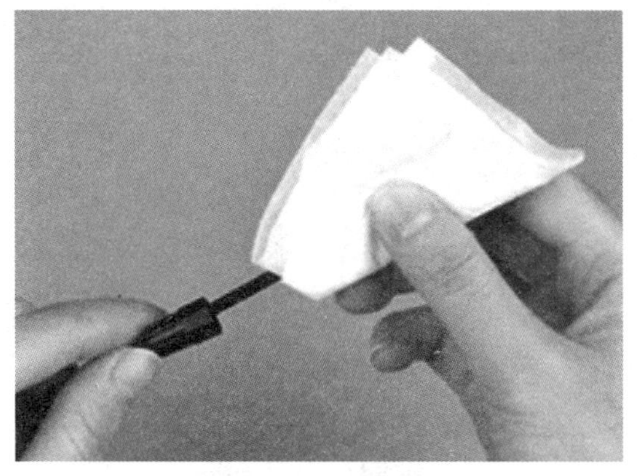

图 3-44　清除光纤头杂质

⑥ 将定长品安放在光纤切割刀中，按下切割模块切割光纤，如图 3-45 所示。

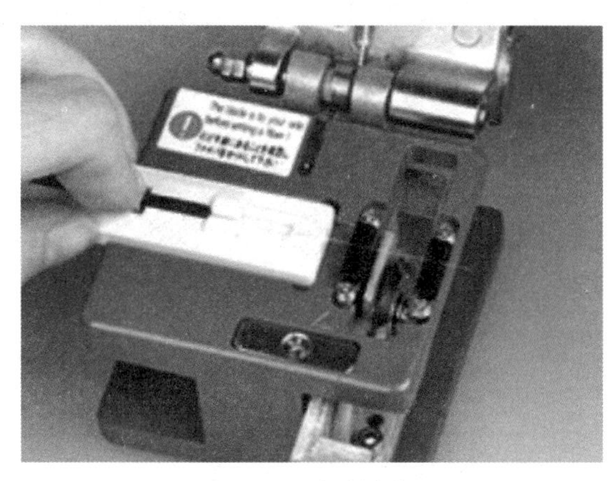

图 3-45　切割光纤

⑦ 从定长品中取出光纤，将切割完成后的光纤从连接器尾部穿入，使光纤产生弯曲，如图 3-46 所示。

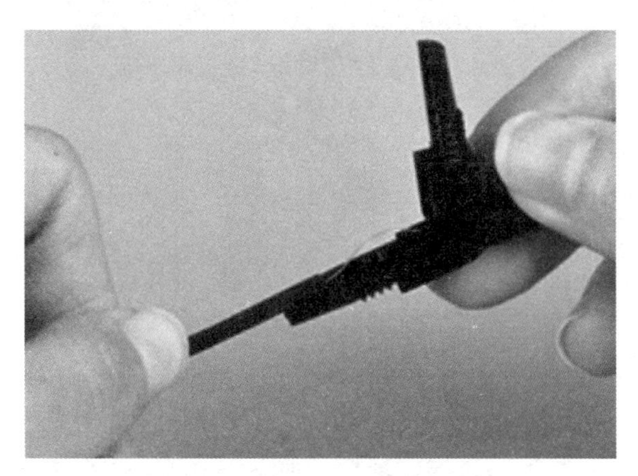

图 3-46　光纤从连接器尾部穿入

⑧ 用光纤上的尾帽夹紧光纤，拧上尾帽，固定光纤，如图 3-47 所示。

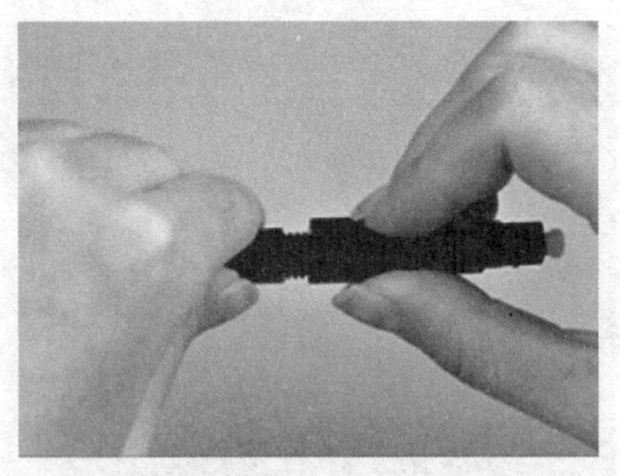

图 3-47　固定光纤

⑨ 上移开关套扣至顶端，闭锁夹紧裸光纤，如图 3-48 所示。

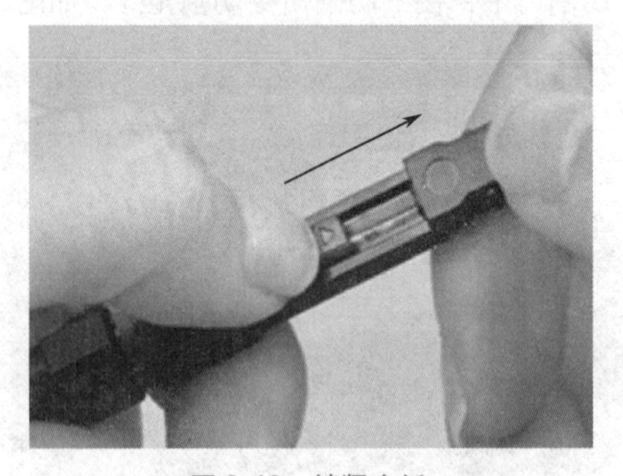

图 3-48　锁紧光纤

⑩ 套上蓝色保护套，完成冷接子器件组装，如图 3-49 所示。

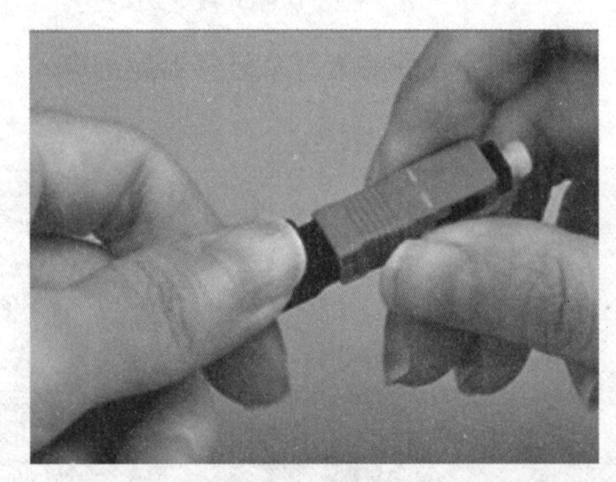

图 3-49　完成组装

⑪ 按上述操作步骤，在光缆的另一头完成 SC 冷接子制作。

4. 测试

测试制作的 SC 冷接子，取下冷接子保护套，把冷接子插入红光笔发光头，打开红光笔电源开关，在光缆另一端看到有光线传输过来，表明 SC 冷接子制作完好，如图 3-50 所示。

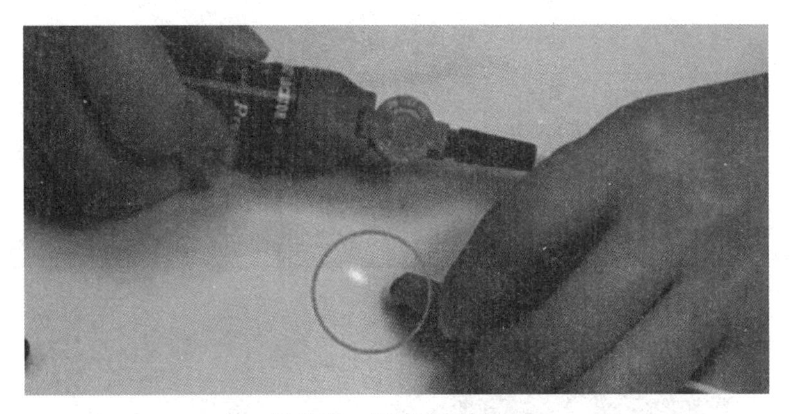

图 3-50　测试 SC 冷接子

二、光纤熔接

1. 认识光纤熔接

光纤熔接技术是在高压电弧的作用下将两根需要熔接的光纤重新融合在一起，熔接是把两根光纤的端点熔化后才能连接到一起。光纤熔接后，光线能够在两根光纤之间以极低的损耗传输，一般小于 0.1 dB。

光纤熔接技术是一项技术含量很高，操作要求很严格的工作，操作流程如图 3-51 所示。

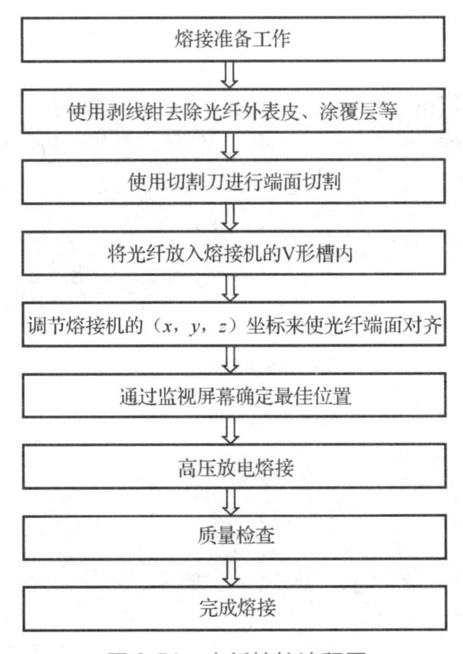

图 3-51　光纤熔接流程图

本任务实现光纤跳线与皮线熔接。

2. 连接步骤

① 准备光纤熔接相关工具和耗材，如表 3-1 所示，主要工具外形如图 3-52 所示。

表 3-1　光纤熔接相关工具和耗材

工具名称	备注	耗材名称	备注
开缆工具刀	剥开光缆外皮	尾纤	光纤熔接
熔接机	熔接光纤	清洁布	清洁光纤
光纤切割器	光纤端面切割	热缩管	保护熔接光纤
光纤剥线钳	剥除光纤外表层	酒精棉	清洁光纤

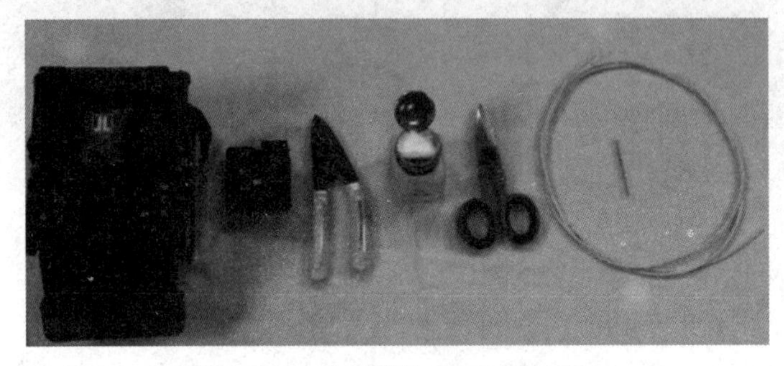

图 3-52　光纤熔接主要工具外形

② 在确认热缩套管内无脏污后，将皮线光纤穿入热缩套管。

③ 用皮线开剥器剥除皮线光纤保护层，长度为 4 cm，如图 3-53 所示。

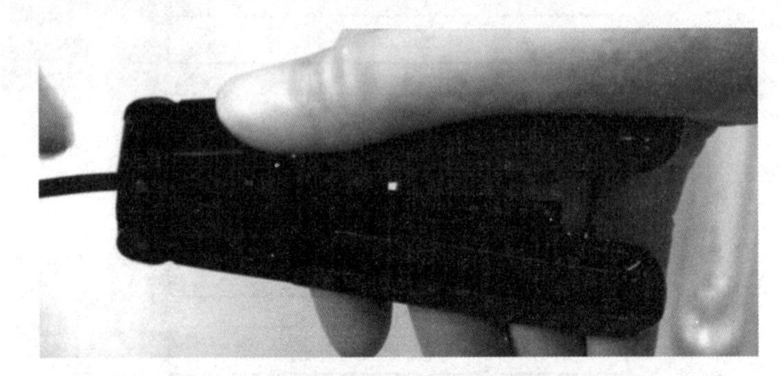

图 3-53　剥除皮线光纤保护层

④ 用米勒钳剥除光纤涂覆层，长度为 4 cm，如图 3-54 所示。

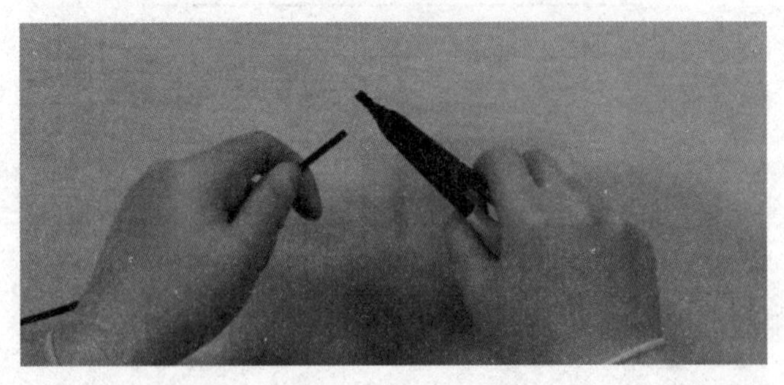

图 3-54　剥除光纤涂覆层

⑤ 将干净的皮线光纤放入切割刀的导向槽，保护层的前端对齐切割刀刻度尺 16 mm 的位置，如图 3-55 所示。

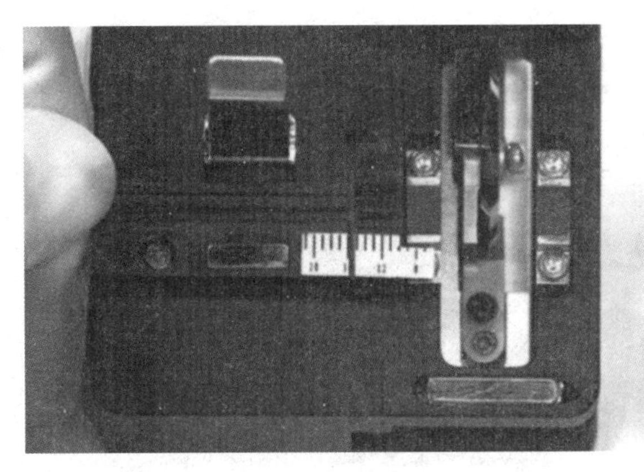

图 3-55　皮线光纤放入切割刀的导向槽

⑥ 用米勒钳前端大口剥除跳线黄色护套，长度不少于 5 cm，如图 3-56 所示。

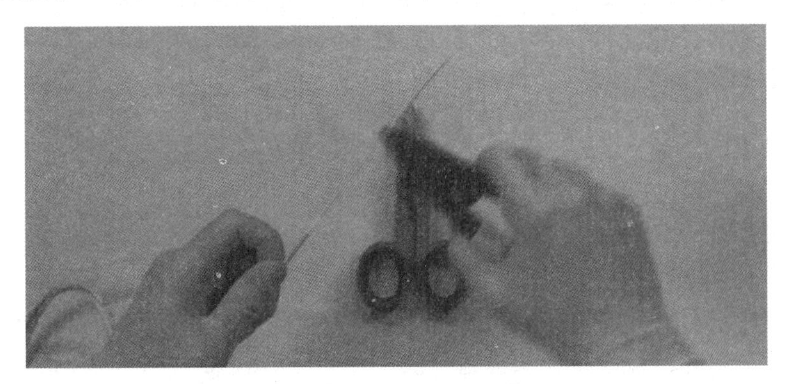

图 3-56　剥除跳线黄色护套

⑦ 用凯夫拉剪刀剪掉凯夫拉线，再用米勒钳后端小口剥除白色塑管和涂覆层，长度为 4 cm，如图 3-57 所示。

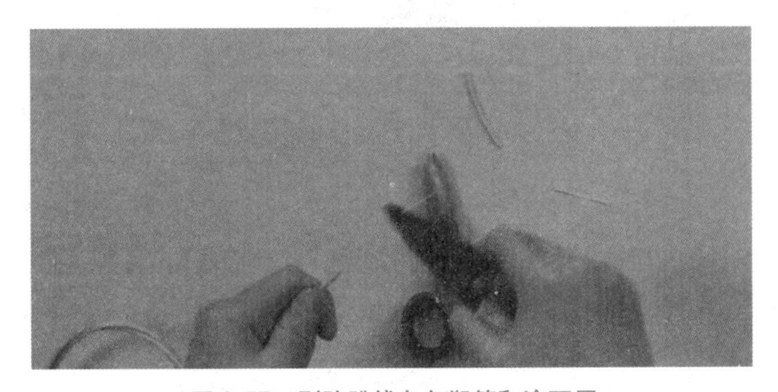

图 3-57　剥除跳线白色塑管和涂覆层

⑧ 用酒精棉清洁光纤表面 3 次，达到无附着物状态，然后将干净的跳线光纤放入切割刀的导向槽，保护层的前端对齐切割刀刻度尺 16 mm 的位置，进行光纤端面切割。

⑨ 将切割好的皮线光纤和跳线光纤分别放入熔接机的夹具内。安放时不要碰到光纤端面，并保持光纤端面在电极棒和 V 形槽之间，盖上防风罩，开始熔接。

⑩ 掀开防风罩，依次打开左右夹具盖板，然后取出光纤，将热缩套管移动到熔接点，并确保热缩套管两端包住皮线光纤保护层以及跳线塑管，如图 3-58 所示。

图 3-58　套上热缩管

⑪ 将套上热缩套管的光纤放入加热器内，然后盖上加热器盖板，同时加热指示灯点亮，机器将自动开始加热热缩套管，当加热指示灯熄灭，热缩完成。掀开加热器盖板，取出光纤，放入冷却托盘，完成光纤熔接。

相关知识

一、光纤的结构

光纤是光导纤维的简称，是由一组光导纤维组成的用于传播光束的、细小而柔韧的传输介质。它是用石英玻璃或特制的塑料拉成的柔软细丝，直径为几微米到 200 μm。就像水流过管子一样，光能沿着这种细丝在内部传输。光纤的构造一般由 3 个部分组成：中心为高折射率玻璃芯（芯径一般为 50 μm 或 62.5 μm），中间为低折射率硅玻璃包层（直径一般为 125 μm），最外面是加强用的树脂涂层，如图 3-59 所示。

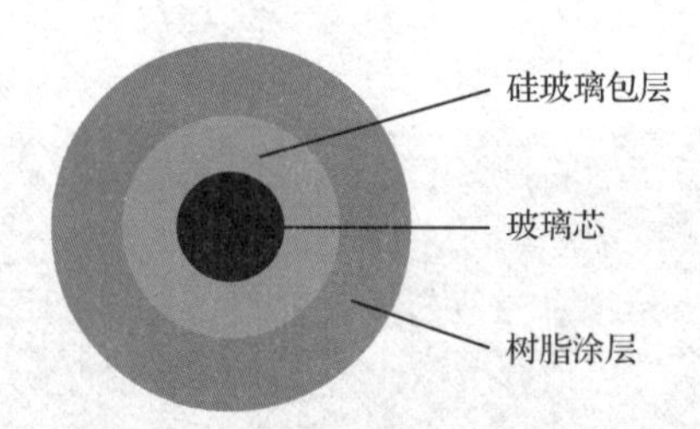

图 3-59　光纤内部结构

纤芯材料的主体是二氧化硅，里面掺极微量的其他材料，例如二氧化锗、五氧化二磷等。掺杂的作用是提高材料的光折射率。

纤芯外面有包层，包层有一层、二层（内包层、外包层）或多层（称为多层结构），但是总直径为 100 ~ 200 μm。包层的材料一般用纯二氧化硅，也有掺杂极微量的三氧化二硼的。掺杂的作用是降低材料的光折射率。这样，光纤纤芯的折射率略高于包层的折射率。折射率差可以保证光主要限制在纤芯里进行传输。

包层外面还要涂一种涂料，可用硅铜或丙烯酸盐。涂料的作用是保护光纤不受外来的损害，增加光纤的机械强度。

二、光缆的种类和型号

1. 光缆种类

光缆的种类很多，下面介绍一些常用的分类方法。

① 按传输性能、距离和用途分类。可分为长途光缆、市话光缆、海底光缆和用户光缆。

② 按光纤的种类分类。可分为多模光缆、单模光缆。

③ 按光纤套塑方法分类。可分为紧套光缆、松套光缆、束管式光缆和带状多芯单元光缆。

④ 按光纤芯数多少分类。可分为单芯光缆、双芯光缆、四芯光缆、六芯光缆、八芯光缆、十二芯光缆和二十四芯光缆等。

⑤ 按加强件配置方法分类。光缆可分为中心加强构件光缆（如层绞式光缆、骨架式光缆等）、分散加强构件光缆（如束管两侧加强光缆和扁平光缆）、护层加强构件光缆（如束管钢丝铠装光缆）和 PE 外护层加一定数量的细钢丝的 PE 细钢丝综合外护层光缆。

⑥ 按敷设方式分类。光缆可分为管道光缆、直埋光缆、架空光缆和水底光缆。

⑦ 按护层材料性质分类。光缆可分为聚乙烯护层普通光缆、聚氯乙烯护层阻燃光缆和尼龙防蚁防鼠光缆。

⑧ 按传输导体、介质状况分类。光缆可分为无金属光缆、普通光缆和综合光缆。

⑨ 按结构方式分类。光缆可分为扁平结构光缆、层绞式结构光缆、骨架式结构光缆、铠装结构光缆（包括单、双层铠装）和高密度用户光缆等。

⑩ 常用通信光缆按使用环境可分为

- 室(野)外光缆——用于室外直埋、管道、槽道、隧道、架空及水下敷设的光缆。
- 软光缆——具有优良的曲挠性能的可移动光缆。
- 室（局）内光缆——适用于室内布放的光缆。
- 设备内光缆——用于设备内布放的光缆。
- 海底光缆——用于跨海洋敷设的光缆。
- 特种光缆——除上述几类之外，作特殊用途的光缆

2. 光缆的型号

光缆型号由它的型式代号和规格代号构成，中间用一短横线分开。

① 光缆型式由五个部分组成，如图 3-60 所示。

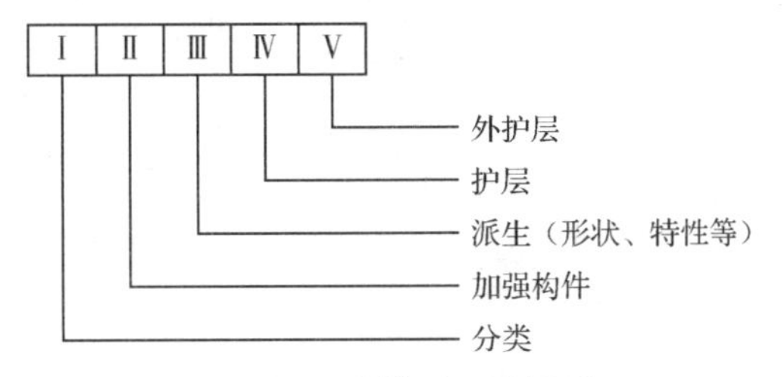

图 3-60　光缆型式的规则

图 3-60 中：

Ⅰ：分类代号及其意义如下。

GY——通信用室（野）外光缆；

GR——通信用软光缆；

GJ——通信用室（局）内光缆；
GS——通信用设备内光缆；
GH——通信用海底光缆；
GT——通信用特殊光缆。
Ⅱ：加强构件代号及其意义如下。
无符号——金属加强构件；
F——非金属加强构件；
G——金属重型加强构件；
H——非金属重型加强构件。
Ⅲ：派生特征代号及其意义如下。
D——光纤带状结构；
G——骨架槽结构；
B——扁平式结构；
Z——自承式结构；
T——填充式结构。
Ⅳ：护层代号及其意义如下。
Y——聚乙烯护层；
V——聚氯乙烯护层；
U——聚氨酯护层；
A——铝－聚乙烯黏结护层；
L——铝护套；
G——钢护套；
Q——铅护套；
S——钢－铝－聚乙烯综合护套。
Ⅴ：外护层的代号及其意义如下。
外护层是指铠装层及其铠装外边的外护层，外护层的代号及其意义如表 3-2 所示。

表 3-2 外护层的代号及其意义

代　号	铠装层（方式）	代　号	外护层（材料）
0	无	0	无
1		1	纤维层
2	双钢带	2	聚氯乙烯套
3	细圆钢丝	3	聚乙烯套
4	粗圆钢丝		
5	单钢带皱纹纵包		

② 光缆规格代号由五部分七项内容组成，如图 3-61 所示。

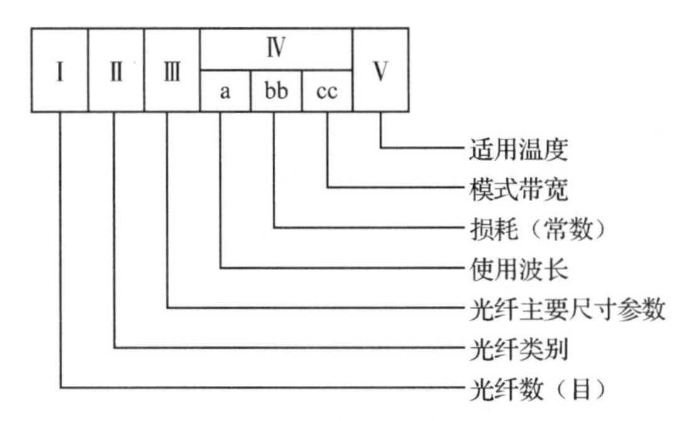

图 3-61　光缆的规格组成部分

图 3-61 中：

Ⅰ：光纤数（目），用 1，2，…，表示光缆内光纤的实际数目。

Ⅱ：光纤类别的代号及其意义。

J——二氧化硅系多模渐变型光纤；

T——二氧化硅系多模突变型光纤；

Z——二氧化硅系多模准突变型光纤；

D——二氧化硅系单模光纤；

X——二氧化硅纤芯塑料包层光纤；

S——塑料光纤。

Ⅲ：光纤主要尺寸参数。

用阿拉伯数（含小数点数）及以 μm 为单位表示多模光纤的芯径及包层直径、单模光纤的模场直径及包层直径。

Ⅳ：使用波长、损耗、模式带宽表示光纤传输特性的代号由 a、bb 及 cc 三组数字代号构成。

a——表示使用波长的代号，其数字代号规定如下：

1——波长在 0.85 μm 区域；

2——波长在 1.31 μm 区域；

3——波长在 1.55 μm 区域。

注意：同一光缆适用于两种及以上波长，并具有不同传输特性时，应同时列出各波长上的规格代号，并用“/”分开。

bb——表示损耗常数的代号。两位数字依次为光缆中光纤损耗常数值（dB/km）的个位和十位数字。

cc——表示模式带宽的代号。两位数字依次为光缆中光纤模式带宽分类数值（MHz • km）的千位和百位数字。单模光纤无此项。

Ⅴ：适用温度代号及其意义。

A——适用于 –40 ～ +40℃。

B——适用于 –30 ～ +50℃。

C——适用于 –20 ～ +60℃。

D——适用于 –5 ～ +60℃。

光缆中还附加金属导线（对、组）编号，如图 3-62 所示。其符合有关电缆标准中导电线芯规格构成的规定。

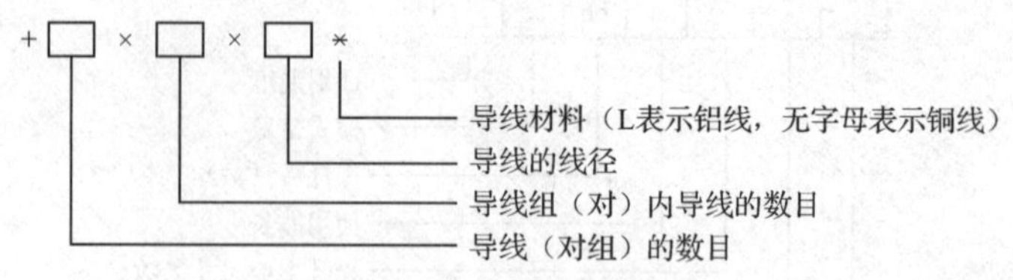

图 3-62 光缆中附加金属导线编号示意图

③ 光缆型号识别。设有金属重型加强构件、自承式、铝护套和聚乙烯护层的通信用室外光缆，包括 12 根芯径 / 包层直径为 50 μm/125 μm 的二氧化硅系列多模突变型光纤和 5 根用于远供及监测的铜线径为 0.9 mm 的四线组，且在 1.31 μm 波长上，光纤的损耗常数不大于 1.0 dB/km，模式带宽不小于 800 MHz · km；光缆的适用温度范围为 –20 ～ +60℃。

该光缆的型号应表示为 GYGZL03-12T50/125（21008）C+5×4×0.9。

三、光纤纤芯颜色色谱

常见的光缆有层绞式、骨架式和中心管束式光缆，纤芯的颜色按顺序分为蓝、橙、绿、棕、灰、白、红、黑、黄、紫、粉红、青绿。多芯光缆把不同颜色的光纤放在同一管束中成为一组，这样一根光缆内里可能有好几个管束。正对光缆横切面，把红束管看作光缆的第一管束，顺时针依次为绿、白 1、白 2、白 3 等。以 6 芯、12 芯、24 芯的为例进行介绍，如表 3-3 所示。

表 3-3 常用光缆纤芯颜色色谱

24 口光纤配线架				12 口光纤配线架	6 口光纤配线架
端口	管束编号	管束	纤芯色谱	纤芯色谱	纤芯色谱
1	01—01	红束	蓝	蓝	蓝
2	01—02	红束	橙	橙	橙
3	01—03	红束	绿	绿	绿
4	01—04	红束	棕	棕	棕
5	01—05	红束	灰	灰	灰
6	01—06	红束	白	白	白
7	01—07	红束	红	红	—
8	01—08	红束	黑	黑	—
9	01—09	红束	黄	黄	—
10	01—10	红束	紫	紫	—
11	01—11	红束	粉红	粉红	—
12	01—12	红束	青绿	青绿	—
13	02—01	绿束	蓝	—	—
14	02—02	绿束	橙	—	—
15	02—03	绿束	绿	—	—

续表

24 口光纤配线架				12 口光纤配线架	6 口光纤配线架
端口	管束编号	管束	纤芯色谱	纤芯色谱	纤芯色谱
16	02—04	绿束	棕	—	—
17	02—05	绿束	灰	—	—
18	02—06	绿束	白	—	—
19	02—07	绿束	红	—	—
20	02—08	绿束	黑	—	—
21	02—09	绿束	黄	—	—
22	02—10	绿束	紫	—	—
23	02—11	绿束	粉红	—	—
24	02—12	绿束	青绿	—	—

四、盘绕光纤的规则和盘纤的方法

1. 盘绕光纤的规则

① 沿松套管或光缆分支方向为单位进行盘纤，前者适用于所有的接续工程；后者仅适用于主干光缆末端，且为一进多出。分支多为小对数光缆。该规则是每熔接和热缩完一个或几个松套管内的光纤，或一个分支方向光缆内的光纤后，盘纤一次。优点：避免了光纤松套管间或不同分支光缆间光纤的混乱，使之布局合理，易盘、易拆，更便于日后维护。

② 以预留盘中热缩管安放单元为单位盘纤，此规则是根据接续盒内预留盘中某一小安放区域内能够安放的热缩管数目进行盘纤的。在实际操作中每 6 芯或每 12 芯为一盘，极为方便。优点：避免了由于安放位置不同而造成的同一束光纤参差不齐、难以盘纤和固定，甚至出现急弯、小圈等现象。

③ 特殊情况，如在接续中出现光分路器、上 / 下路尾纤、尾缆等特殊器件时，要先熔接、热缩、盘绕普通光纤，再依次处理上述情况，为安全常另盘操作，以防止挤压引起附加损耗的增加。

2. 盘纤的方法

① 先中间后两边，就是先将熔接好的热缩管逐个放置在固定槽中，然后再处理两侧余纤。这样盘绕有利于保护光纤接点，避免盘纤可能造成的损坏。在光纤盘纤预留盘空间小、光纤不易盘绕和固定时，使用该方法。

② 从一端开始盘纤，依次固定热缩管，逐步处理余侧端的光纤。该方法的优点在于避免出现急弯、小圈现象，对光传输要求很高的接续，首选该方法。

③ 特殊情况的处理：

当出现个别光纤很长（或很短）时，可将其放置在最后单独盘绕；

带有特殊光器件（如分光器），可将其另盘（垫隔）处理，若与普通光纤共盘处理时，应将其轻置于其他光纤之上，两者间加缓冲衬垫，以防挤压造成断纤，且特殊光器件的尾纤不可过长。

④ 按余纤长度和预留盘空间大小，顺势自然盘绕，切勿生拉硬拽，应灵活的采用圆、椭圆、“∞”等多种图形盘纤，但要确保盘纤直径 $D \geqslant 4$ cm，最大限度地降低盘纤造成的附加损耗，如图 3-63 所示。

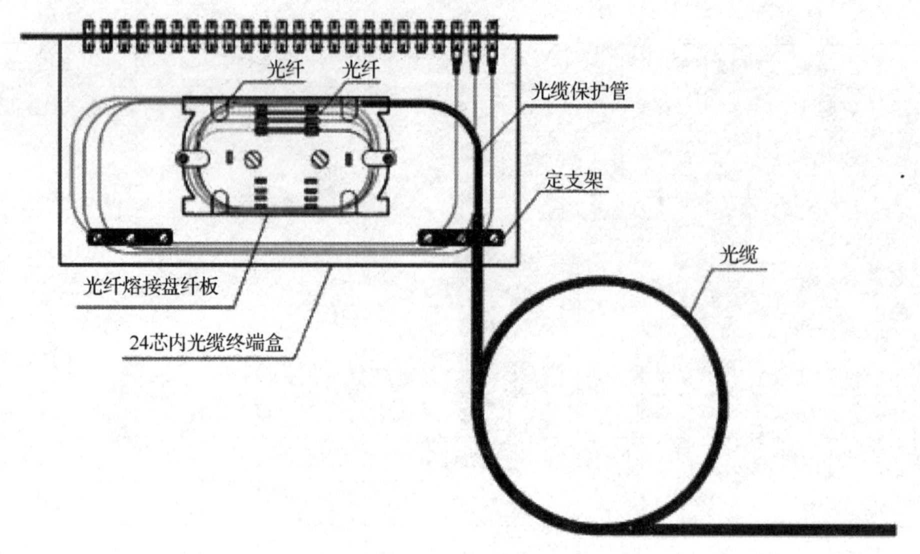

图 3-63 24 芯室内光缆终端盒接续示意图

任务测评

姓名		学号		分值	自评	互评	师评
序号	观察点	评分标准					
1	学习态度	遵守学习纪律		2			
		学习积极性、主动性		3			
2	学习方法	明确任务		2			
		认真分析任务，明确需要做什么		3			
		按任务实施完成任务		3			
		认真学习相关知识		2			
3	技能掌握情况	光纤冷接子制作技能		30			
		光纤熔接技能		30			
4	知识掌握情况	光纤结构		5			
		光纤型号识别		10			
5	职业素养	团队关系融洽		3			
		协商、讨论并解决问题		2			
		互相帮助学习		2			
		做好 5S（整理、整顿、清理、清洁、自律）		3			

任务三　PVC 管槽成型制作

任务描述

管槽是综合布线系统工程必不可少的辅助设施，它为敷设线缆服务。进行管槽安装常常需要预先对管槽做弯角成型处理，本任务要求对 PVC 管与 PVC 线槽作基本弯角成型处理，使管槽能够满足安装要求。

任务分析

在管槽安装工程中，对于小尺寸（管径小于 25 mm，槽宽小于 40 mm）PVC 管槽的弯角，一般直接采取成型技术对管槽进行弯曲，PVC 管槽弯角成型包括 PVC 管弯角成型，PVC 槽板直角、阳角、阴角成型。

任务实施

一、PVC 管弯角制作

1. 材料与工具

材料与工具分别为：D20 型 PVC 管、弯角器，如图 3-64、图 3-65 所示。

图 3-64　材料 PVC 管

图 3-65　工具弯管器

2. 制作步骤

① 使用卷尺量出需要进行弯角的位置，并做好标记，如图 3-66 所示。

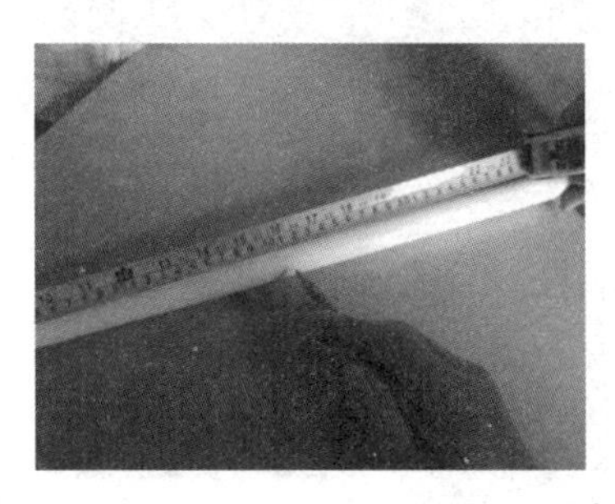

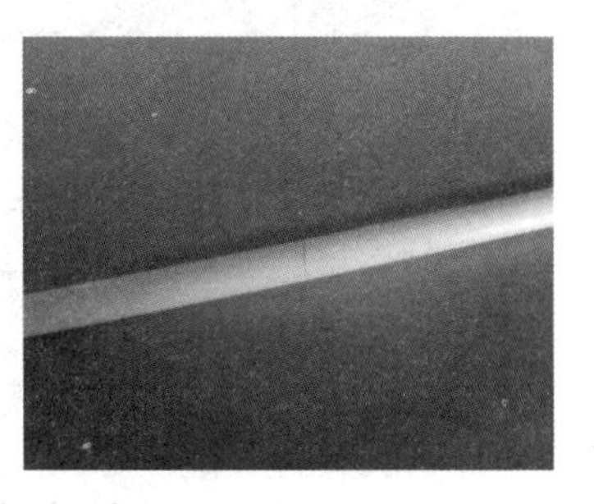

图 3-66　弯角位置标记

② 弯管器的一头用线拴住，把弯角器插入PVC管中，注意要使用标记位置大致处于弯管器中部，如图3-67所示。

③ 把PVC管一端置于工作台，使弯角标记搁在工作台边沿，小心在另一端用力向下弯曲，需要注意弯曲处要保证在标记处，如图3-68所示。

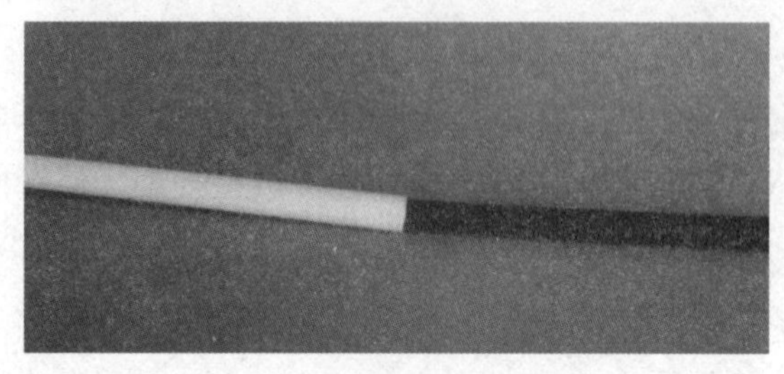

图3-67　弯管器插入PVC管中

图3-68　弯曲角度

④ 双手持弯曲一定角度的PVC管两端，用力内压，使PVC管弯至满意角度，如图3-69所示。

⑤ 按所需尺寸，使用剪管刀把多余部分剪除，如图3-70所示。

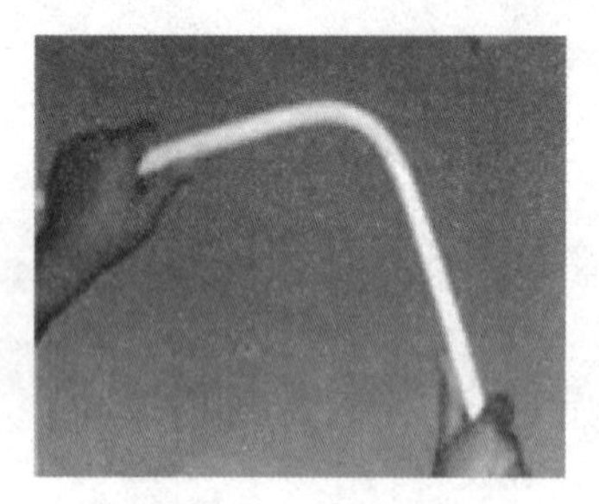

图3-69　弯至满意角度

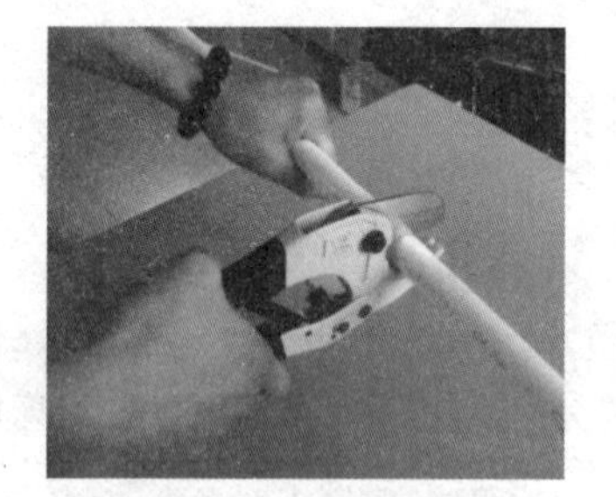

图3-70　剪除多余部分

至此，制作完成。

二、PVC槽板直角制作

1. 材料与工具

材料、工具分别为：20×15 PVC槽板，铅笔、角尺、剪刀。

2. 制作步骤

① 在需要弯角的位置，在槽板宽面使用角尺做出开口标记，开口时需要注意开口方向，先做宽面的垂直标记（竖线），开口标记出来后，沿开口处在槽板侧面做垂直标记，如图3-71所示。

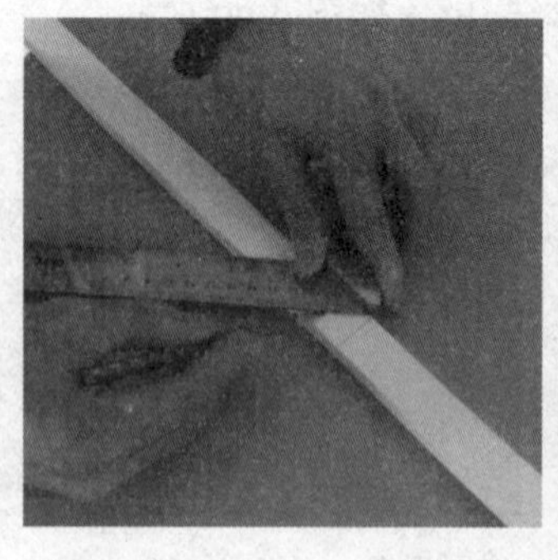

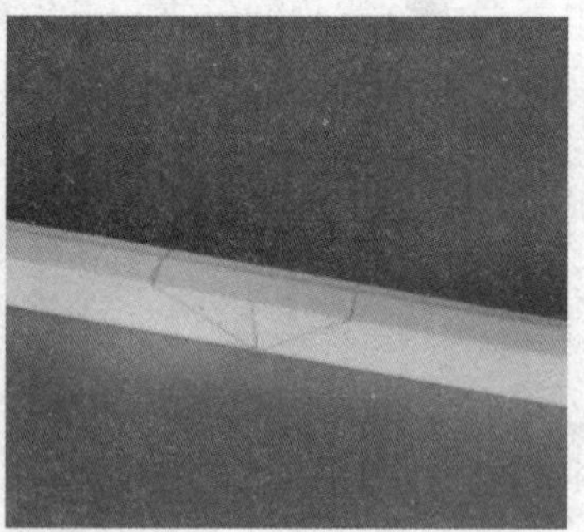

图3-71　开口标记

② 使用剪刀沿标记把槽板剪开，先沿侧面标记剪开，再沿宽面标记剪除开，如图 3-72 所示。

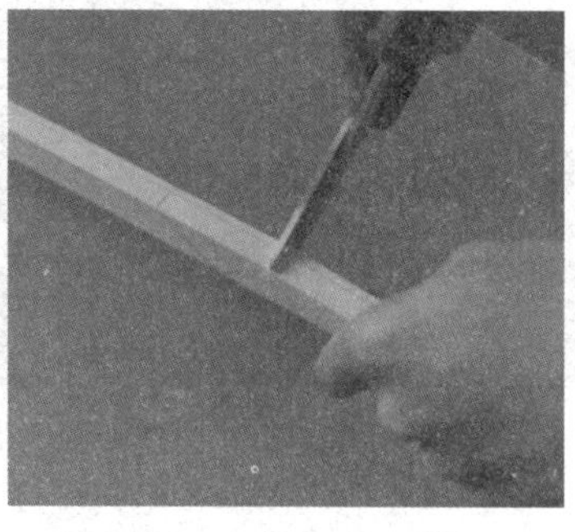

图 3-72 沿标记剪开槽板

③ 沿开口方向弯曲槽板，槽板即成直角，如图 3-73 所示。

④ 槽板盖对向沿 45° 角剪开，如图 3-74 所示。

图 3-73 弯曲直角

图 3-74 对向 45° 角剪开槽板盖

至此，制作完成。制作成型的直角安装效果如图 3-75 所示。

制作 PVC 槽板阳角、阴角的方法步骤与制作 PVC 槽板直角的方法步骤基本一致，不同主要在于开口侧面与开口方向不同：阳角、阴角开口侧面在槽板高度面；阳角开口方向在底板一面，阴角开口方向在盖板一面，如图 3-76、图 3-77 所示。

图 3-75 PVC 槽板直角安装效果

图 3-76 阳角开口

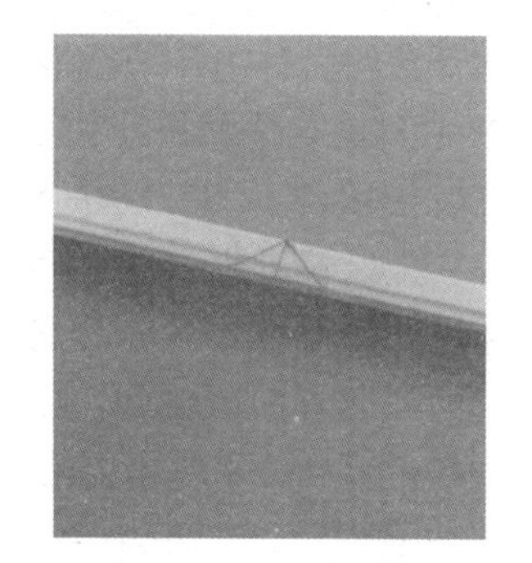

图 3-77 阴角开口

阳角、阴角安装效果如图 3-78、图 3-79 所示。

图 3-78　阳角安装效果

图 3-79　阴角安装效果

相关知识

一、管槽安装技术

线槽使用材料的种类包括金属管、槽、塑料（PVC）管。从布槽范围看分工作间线槽、水平干线线槽，垂直干线线槽。具体用什么样的材料，则根据用户的需求、投资来确定。

1. 金属管的敷设

（1）金属管的选择

① 为了防止在穿电缆时划伤电缆，管口应该没有毛刺和尖锐棱角。

② 为了减小直埋管在沉陷时管口处对电缆的剪切力，金属管口一般应做成喇叭状。

③ 金属管在弯制后，不应有裂缝和明显的凹瘪现象。

④ 金属管的弯曲半径不应小于所穿入电缆的最小允许弯曲半径。

⑤ 镀锌管的锌层剥落处应涂防腐漆，以延长使用寿命。

（2）金属管切割套丝

① 在配管时，应根据实际需要的长度，对管子进行切割。管子的切割可使用钢锯、管子切割刀或电动切管机。

② 金属管套丝：管子和管子连接，管子和接线盒、配线箱的连接，都需要在管子端部进行套丝。焊接钢管套丝，可用管子绞板（俗称代丝）或电动套丝机。硬塑料管套丝，可用圆丝板。

③ 套丝时，先将管子固定压紧，然后再套丝。若利用电动套丝机，可提高工效。套完丝后，应随时清扫管口，将管口端面和内壁的毛刺用锉刀锉光，使管口保持光滑，以免割破线缆绝缘护套。

（3）金属管弯曲

金属管弯曲使用弯管器进行，其方法是：先将管子需要弯曲部位的前段放在弯管器内，焊缝放在弯曲方向背面或侧面，以防管子弯扁，然后用脚踩住管子，手扳弯管器进行弯曲，并逐步移动弯管器，使可得到所需要的弯度。弯曲半径应符合下列要求：

① 明配时，一般不小于金属管外径的 6 倍；只有一个弯时，应不小于金属管外径的 4 倍；整排金属管在转弯处，最好弯成同心圆的弯儿。

② 暗配时，一般不应小于金属管外径的 6 倍；敷设于地下或混凝土楼板内时，应不小于金属管外径的 10 倍。

③ 在敷设金属管时，应尽量减少弯头。每根金属管的弯头不应超过 3 个，直角弯头不应超过 2 个，并不应有 S 弯出现。

(4) 金属管的连接要求

金属管间的连接通常有两种方法：短套管连接和管接头螺纹连接。

套接的短套管或带螺纹的管接头的长度不应小于金属管外径的 2.2 倍。金属管的连接采用短套管连接时，施工简单方便；采用管接头螺纹连接则较为美观，可以保证金属管连接后的强度。无论采用哪一种方式，均应保证需要连接的金属管管口对准、牢固、密封。

金属管进入信息插座的接线盒后，暗埋管可用焊接固定，管口进入盒的露出长度应小于 5 mm。明设管应用锁紧螺母或管帽固定，露出锁紧螺母的丝扣为 2 ～ 4 扣。

(5) 金属管的敷设

金属管的暗设要求：

① 预埋在墙体中间的金属管内径不宜超过 50 mm，楼板中的管径宜为 15 ～ 25 mm，直线布管时一般应在 30 m 处设置暗线盒。

② 敷设在混凝土、水泥里的金属管，其地基应该坚实、平整，不应有沉陷，以保证敷设后的线缆安全运行。

③ 金属管连接时，管口应该对准无错位，接缝应该严密，不得有水和泥浆渗入，以免影响管路的有效管理，保证敷设线缆时穿设顺利。

④ 金属管道应有不小于 0.1 % 的排水坡度。

⑤ 建筑群之间金属管的埋没深度不应小于 0.8 m；在人行道下面敷设时，不应小于 0.5 m。

⑥ 金属管内应安置牵引线或拉线。

⑦ 金属管的两端应有标记，表示建筑物、楼层、房间和长度。

明铺管要求：

金属管应用卡子固定，这种固定方式较为美观，且方便拆卸。金属的支持点间距，有要求时应按照规定设计；无设计要求时不应超过 3 m。在距接线盒 0.3 m 处，用管卡将管子固定。在弯头的地方，弯头两边也应用管卡固定。

2. 金属槽的敷设

金属槽是金属桥架的一种，槽式桥架是指由整块钢板弯制成的槽形部件。桥架附件是用于直线段之间，直线段与弯通之间连接所必需的连接固定或补充直线段、弯通功能部件。支、吊架是指直接支承桥架的部件。它包括托臂、立柱、立柱底座、吊架以及其他固定用支架。

金属桥架多由厚度为 0.4 ～ 1.5 mm 的钢板制成，具有结构轻、强度高、外形美观、无须焊接、不易变形、连接款式新颖、安装方便等优点。为了防止金属桥架腐蚀，其表面可采用电镀锌、烤漆、喷涂粉末、热浸镀锌、镀镍锌合金纯化处理或采用不锈钢板。

(1) 线槽的安装要求

① 线槽安装位置应符合施工图规定，左右偏差视环境而定，最大不超过 50 mm。

② 线槽水平度每米偏差不应超过 2 mm。

③ 垂直线槽应与地面保持垂直，并无倾斜现象，垂直度偏差不应超过 3 mm。

④ 线槽节与节之间采用接头连接板拼接，螺钉应拧紧。

⑤ 当直线段桥架超过 30 m 或跨越建筑物时，应有伸缩缝，其连接宜采用伸缩连接板。

⑥ 线槽转弯半径不应小于槽内的线缆最小允许弯曲半径的最大者。

⑦ 线槽的盖板应紧固。

⑧ 支吊架应保持垂直，整齐牢固，无歪斜现象。

安装线槽应在土建工程基本结束以后，与其他管道（如风管、给排水管）同步进行，也可比其他管道稍迟一段时间安装。但尽量避免在装饰工程结束以后进行安装，造成敷设线缆的困难。

为了防止电磁干扰，宜用辫式铜带把线槽连接到其经过的设备间，或楼层配线间的接地装置上，并保持良好的电气连接。

（2）水平子系统线缆敷设支撑保护要求

① 预埋金属线槽支撑保护要求。

a. 在建筑物中预埋线槽时可以根据不同的尺寸，按一层或二层设备，应至少预埋两根以上，线槽截面高度不宜超过 25 mm。

b. 线槽直埋长度超过 15 m 时，或在线槽路由上出现交叉、转变时宜设置拉线盒，以便布放线缆和维护。

c. 接线盒盒盖应该能够开启，并与地面齐平，盒盖处应采取防水措施。

d. 线槽宜采用金属管引入分线盒内。

② 设置线槽支撑保护要求。

a. 水平敷设时，支撑间距一般为 1.5 ～ 2 m ；垂直敷设时，固定在建筑物结构体上的支撑点间距宜小于 2 m。

b. 金属线槽敷设时，在下列情况下设置支架或吊架：线槽接头处；间距 1.5 ～ 2 m ；离开线槽两端口 0.5 m 处；转弯处。

c. 塑料线槽底固定点间距一般为 1 m。

③ 在活动地板下敷设线缆时，活动地板内净空不应小于 150 mm。如果活动地板内作为通风系统的风道使用时，地板内净高不应小于 300 mm。

④ 采用公用立柱作为吊顶支撑柱时，可在立柱中布放线缆。立柱支撑点宜避开沟槽和线槽位置，支撑应牢固。

⑤ 在工作区的信息点位置和线缆敷设方式未定的情况下，或在工作区采用地毯下布放线缆时，宜设置交接箱，每个交接箱的服务面积约为 80 cm^2。

⑥ 不同种类的线缆布放在金属线槽内，应同槽分室（用金属板隔开）布放。

⑦ 采用格形楼板和沟槽相结合时，敷设线缆支撑保护要求。

a. 沟槽和格形线槽必须沟通。

b. 沟槽盖板可开启，并与地面齐平，盖板和信息插座出口处应采取防水措施。

c. 沟槽的宽度宜小于 600 mm。

（3）干线子系统的线缆敷设支撑保护要求

① 线缆不得布放在电梯或管道竖井中。

② 干线通道间应沟通。

③ 弱电间中的线缆穿过每层楼板使用的孔洞宜为方形或圆形。长方形孔尺寸不宜小于 300 mm × 100 mm，圆形孔洞处应至少安装三根圆形钢管，管径不宜小于 100 mm。

④ 建筑群干线子系统线缆敷设支撑保护应符合设计要求。

3. PVC 塑料管的敷设

PVC 管敷设与金属管的敷设基本是一致的，一般是在工作区暗埋线槽，操作时要注意两点：

①管转弯时，弯曲半径要大，便于穿线。

②管内穿线不宜太多，要留有 50 % 以上的空间。

4. 塑料槽的敷设

塑料槽的规格有多种，其敷设从理论上讲类似金属槽，但操作上还有所不同。具体表现为 3 种方式：

① 在天花板吊顶打吊杆或托式桥架；

② 在天花板吊顶外采用托架桥架敷设；

③ 在天花板吊顶外采用托架加配定槽敷设。

采用托架时，一般在 1 m 左右安装一个托架。采用固定槽时，一般在 1 m 左右安装固定点。固定点是指把槽固定的地方。根据槽的大小建议：对于 25 mm × 20 mm ~ 25 mm × 30 mm 规格的槽，一个固定点应有 2 ~ 3 个固定螺钉，并水平排列；对于 25 mm × 30 mm 以上规格的槽，一个固定点应有 3 ~ 4 个固定螺钉，排列呈梯形状，使槽的受力点分散分布；除了固定点外，应每隔 1 m 左右钻 2 个孔，用双绞线穿入，待布线结束后，把所布的双绞线捆扎起来。

水平干线、垂直干线布槽的方法是一样的，差别在于，一个是横布槽，另一个是竖布槽。

在水平干线与工作区交接处，不易施工时，可采用金属软管（蛇皮管）或塑料软管连接。

5. 槽、管大小的选择方法

槽、管的选择可采用以下简易方式：

$$n=\frac{\text{槽（管）截面积}}{\text{线缆截面积}}\times 70\%\times(40\%\sim 50\%)$$

式中： n——用户所要安装的线缆数（已知数）；

槽（管）截面积——要选择的槽（管）截面积（未知数）；

线缆截面积——选用的线缆截面积（已知数）；

70%——布线标准规定允许的空间；

40% ~ 50%——线缆之间浪费的空间。

二、光纤敷设技术

1. 光缆施工的基础知识

（1）操作程序

① 在进行光纤接续或制作光纤连接器时，施工人员必须戴上眼镜和手套，穿上工作服，保持环境洁净。

② 不允许观看已通电的光源、光纤及其连接器，更不允许用光学仪器观看已通电的光纤传输通道器件。

③ 只有在断开所有光源的情况下，才能对光纤传输系统进行维护操作。

（2）光纤布线过程

① 由于光纤的纤芯是石英玻璃的，极易弄断，因此在施工弯曲时，决不允许超过最小的弯曲半径。

② 光纤的抗拉强度比电缆小，因此在操作光缆时，不允许超过各种类型光缆抗拉强度。

③ 在光缆敷设好以后，在设备间和楼层配线间将光缆捆接在一起，然后才进行光纤连接。可以利用光纤端接装置（OUT）、光纤耦合器、光纤连接器面板来建立模组化的连接。当敷设光缆工

作完成，以及在应有的位置上建立互连模组以后，就可以将光纤连接器加到光纤末端上，并建立光纤连接。

④ 通过性能测试来检验整体通道的有效性，并为所有连接加上标签。

2. 光缆施工的准备工作

(1) 光缆的检验要求

① 工程所用的光缆规格、型号、数量应符合设计的规定和合同要求；

② 光纤所附标记、标签内容应齐全和清晰；

③ 光缆外护套须完整无损，光缆应有出厂质量检验合格证；

④ 光缆开盘后，应先检查光缆外观无损伤，光缆端头封装是否良好；

⑤ 光纤跳线检验应符合规定：具有经过防火处理的光纤保护包皮，两端的活动连接器端面应装配有合适的保护盖帽；每根光纤接插线的光纤类型应有明显的标记，应符合设计要求。

(2) 配线设备的使用应符合的规定

① 光缆交接设备的型号、规格应符合设计要求。

② 光缆交接设备的编排及标记名称应与设计相符。各类标记名称应统一，标记位置应正确、清晰。

3. 光缆布线的要求

布放光缆应平直，不得产生扭绞、打卷等现象，不应受到外力挤压和损伤。光缆布放前，其两端应贴有标签，以表明起始和终止位置。标签应书写清晰、端正和正确。最好以直线方式敷设光缆。若有拐弯，光缆的弯曲半径在静止状态时至少应为光缆外径的10倍，在施工过程中至少应为20倍。

4. 光缆的布放

(1) 通过弱电井垂直敷设

在弱电井中敷设光缆有两种选择：向上牵引和向下垂放。通常，向下垂放比向上牵引容易些。

向下垂放敷设光缆的步骤：

① 在离建筑顶层设备间的槽孔 1 ～ 1.5 m 处安放光缆卷轴，使卷筒在转动时能控制光缆。

② 转动光缆卷轴，并将光缆从其顶部牵出。

③ 引导光缆进入敷设好的电缆桥架中。

④ 慢慢地从光缆卷轴上牵引光缆，直到下一层的施工人员可以接到光缆并引入下一层。

在弱电间敷设光缆时，为了减少光缆上的负荷，应在一定的间隔上（如 5.5 m）用缆带将光缆扣牢在墙壁上。用这种方法，光缆不需要中间支持，但要小心地捆扎光缆，不要弄断光纤。为了避免弄断光纤及产生附加的传输损耗，在捆扎光缆时不要碰破光缆外护套。

固定光缆的步骤：

① 使用塑料扎带，由光缆的顶部开始，将干线光缆扣牢在电缆桥架上；

② 由上往下，在指定的间隔（5.5 m）安装扎带，直到干线光缆被牢固地扣好；

③ 检查光缆外套有无破损，盖上桥架的外盖。

(2) 通过吊顶敷设光缆

敷设光纤从弱电井到管理区的这段路径，一般采用走吊顶（电缆桥架）敷设的方式。

具体步骤：

① 沿着所建议的光纤敷设路径打开吊顶；

② 利用工具切去一段光纤的外护套，并由一端开始的 0.3 m 处环切光缆的外护套，然后除去外护套；

③ 将光纤及加固芯切去并掩没在外护套中，对需敷设的每条光缆重复此过程；

④ 将纱线与带子扭绞在一起；

⑤ 用胶布紧紧地将长 20 cm 范围的光缆护套缠住；

⑥ 将纱线馈送到合适的夹子中去，直到被带子缠绕的护套全塞入夹子中为止；

⑦ 将带子绕在夹子和光缆上，将光缆牵引到所需的地方，并留下足够长的光缆供后续处理用。

任务测评

姓名		学号		分值	自评	互评	师评
序号	观察点	评分标准					
1	学习态度	遵守纪律		2			
		学习积极性、主动性		3			
2	学习方法	明确任务		2			
		认真分析任务，明确需要做什么		3			
		按任务实施完成任务		3			
		认真学习相关知识		2			
3	技能掌握情况	PVC 管弯角制作技能		15			
		PVC 槽板直角、阴角、阳角制作技能		30			
4	知识掌握情况	管槽安装技术、要求		15			
		光纤敷设技术、要求		15			
5	职业素养	团队关系融洽		3			
		协商、讨论并解决问题		2			
		互相帮助学习		2			
		做好 5S（整理、整顿、清理、清洁、自律）		3			

项目总结

本项目通过端接器件连接和 PVC 管槽成型制作两个任务，完成了网络跳线制作，信息模块连接，配线架连接及 PVC 管弯角制作，PVC 槽板直角、阳角、阴角制作；在相关知识中分别对网络配线端接技术、管槽安装技术、双绞线敷设技术、光纤敷设技术进行了简单介绍。通过本项目的学习使读者能够制作网络跳线，能够进行信息模块、配线架的连接，能够完成 PVC 管槽成型制作，了解、认识网络配线端接、双绞线敷设、管槽安装及光纤敷设技术的基本知识及要求。

自我测评

一、填空题

1. 网络跳线制作主要步骤有__________。
2. 到楼层管理间链路包括__________等。
3. 线缆牵引技术包括__________、__________、__________、__________等。
4. 配线架的作用是__________。
5. PVC管槽成型包括__________等

二、选择题

6. 信息模块端接方式有（　　）种。
   A. 1　　B. 2　　C. 3　　D. 4
7. 配线架上一个端口端接线为（　　）根。
   A. 4　　B. 8　　C. 64　　D. 256
8. 不能用来裁剪PVC槽板的是（　　）。
   A. 剪刀　　B. PVC槽板剪　　C. PVC管剪　　D. 电工刀
9. 网络工程施工的第一原则是（　　）
   A. 工程质量第一　　B. 财产安全第一　　C. 用户满意第一　　D. 人员安全第一
10. 30年以上的旧房网络工程施工宜采用（　　）。
   A. 暗PVC管　　B. 主干线采用桥架　　C. 明装PVC槽板　　D. 明装金属管

三、思考题

11. 叙述568A、568B定义的线序。
12. 叙述双绞线端接原理。
13. 画出PVC槽板制作直角、阳角、阴角开口示意图。
14. 管槽安装要注意哪些安全问题？
15. 练习制作直通、交叉网络跳线。

项目四 网络综合布线模型系统设计

学习目标

知识目标

- 掌握 Visio 2010 软件的基本使用。
- 掌握用 Visio 绘制网络拓扑结构图。
- 熟悉网络综合布线常见术语。
- 熟悉综合布线系统设计的一般原则和设计步骤。
- 掌握网络综合布线系统的设计内容。

能力目标

- 能够用 Visio 绘制网络拓扑结构图。
- 能够读识网络综合布线工程图。
- 能够进行小型网络综合布线系统设计。

网络综合布线工程的首要任务是根据用户需求（包括工程内容、等级、要达到的目标等）进行工程设计，工程设计占一个网络综合布线工程的30%～40%的工作量，应用 Visio、AutoCAD 等软件辅助设计能够极大的提高工作效率、规范工程设计。

本项目提出一个简单的网络综合布线模型，系统模拟实际网络综合布线工程进行设计，通过任务使用 Visio 绘制网络拓扑结构图，使读者学会使用 Visio 绘制网络综合布线工程图；通过任务完成网络综合布线模型系统设计，使读者掌握网络综合布线工程设计技术与方法。

任务一 使用 Visio 绘制网络拓扑结构图

任务描述

网络综合布线模型系统的基本要求是：在一块 3 m × 3 m 的地面上虚拟三层工作区，每层工作区虚拟三个信息点，使用一个机柜模拟管理间、设备间，要求进行综合布线，构成一个简单计算机局域网。该模型完工后实际工程，如图 4-1、图 4-2 所示。

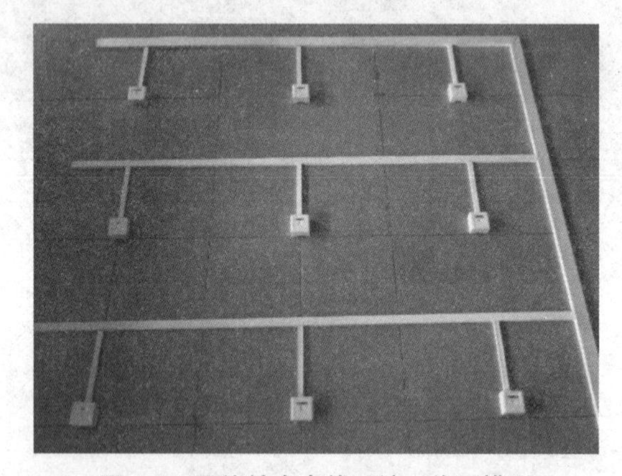

图 4-1　网络综合布线系统工作区模型

图 4-2　网络综合布线系统管理间、设备间模型

图 4-2 中，上部三个二层交换机分别虚拟三个管理间，底部一个三层交换机虚拟设备间。

本任务须使用 Visio 绘制网络综合布线模型系统网络拓扑结构图。

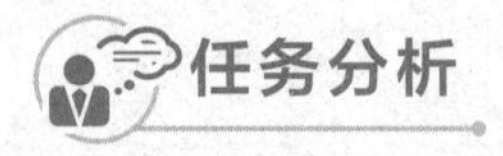

任务分析

根据网络综合布线模型系统要求，设计网络拓扑结构如图 4-3 所示。

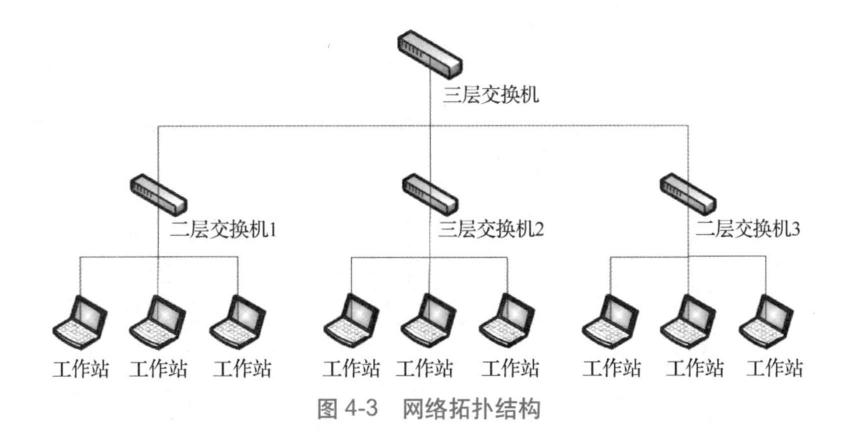

图 4-3　网络拓扑结构

一、认识 Visio 绘图工具

1. Visio 的功能与特色

Visio 作为 Microsoft Office 组合软件的成员，可广泛应用于电子、机械、通信、建筑、软件设计和企业管理等领域。Visio 具有易用的集成环境、丰富的图表类型和直观的绘图方式；能使专业人员和管理人员快速、方便地制作出各种建筑平面图、管理机构图、网络布线图、机械设计图、工程流程图、电路图等，

Visio 软件的核心功能包含智慧图元技术、智慧型绘图和开发式架构，它的最大特色就是“拖动式绘图”，这是 Visio 与其他绘图软件的最大区别之处。用户只需用鼠标把相应的图件拖动到绘图页中，就能生成相应的图形，并可根据需求对图形进行各种编辑操作。

Visio 功能强大，它不但能绘制各种各样的专业图形，还可以绘制丰富的生活图形。Visio 提供了很多工程技术图模板，这些模板包括：

① Web 图表；

② 地图；

③ 电气工程；

④ 工艺工程；

⑤ 机械工程；

⑥ 建筑设计图；

⑦ 框图；

⑧ 灵感触发；

⑨ 流程图；

⑩ 软件；

⑪ 数据库；

⑫ 图表和图形；

⑬ 网络；

⑭ 项目日程；

⑮ 业务进程；

⑯ 组织结构图。

图 4-4 显示了其中的“软件”模板和“网络”模板。用户也可以根据需要建立个性化的新模板。

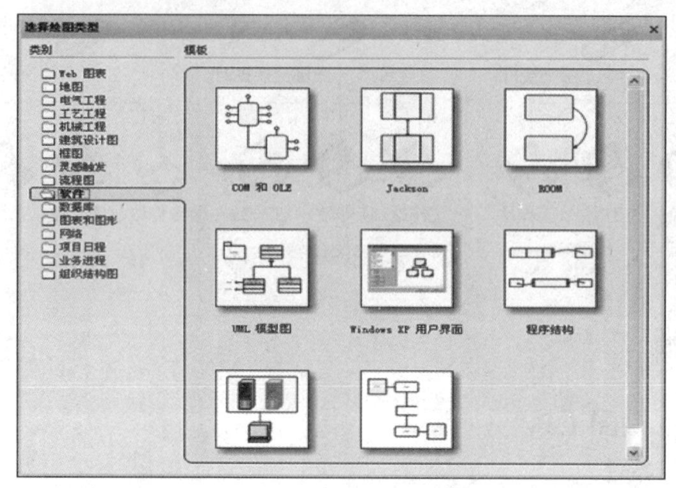

（a）“软件”模板

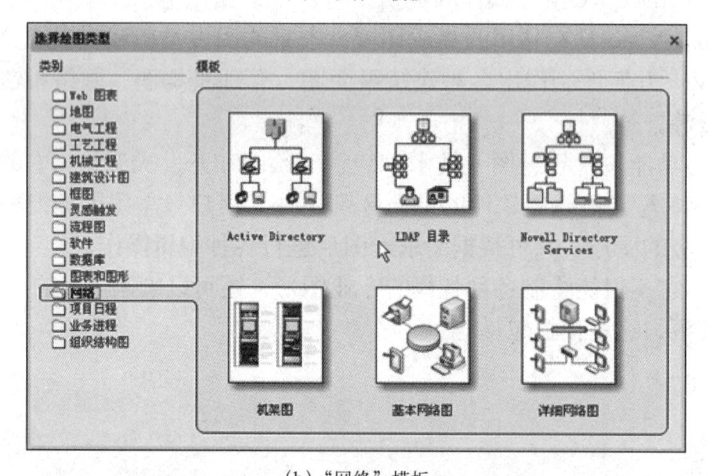

（b）“网络”模板

图 4-4 “软件”模板和“网络”模板

Visio 与 Microsoft 的 Office 系列软件等有着很好的整合性，Visio 图形可直接应用于 Office 系列软件中。

2. Visio 的文件类型

Visio 文件共有 4 种类型，即绘图文件、模具文件、模板文件和工作环境文件。

① 绘图文件（.vsd）：Visio 中最常用的文件，用于存储绘制的各种图形。一个绘图文件中可以有多个绘图页。

② 模具文件（.vss）：用来存放绘图过程中生成的各种图形的“母体”，即形状（图件）。Visio 自带大量模具文件，用户还可以根据自己的需要，生成自己的模具文件。

③ 模板文件（.vst）：同时存放绘图文件和模具文件，并定义相应的工作环境的文件。Visio 自带许多模板文件。用户可以利用 Visio 自带或者自己生成的模具文件对操作环境加以改造，从而生

成自己的模板文件。

④ 工作环境文件（.vsw）：用户根据自己的需要将绘图文件与模具文件结合起来，定义最适合个人的工作环境文件。该文件存储了绘图窗口、各组件的位置和排列方式等。在下次打开文件时，可以直接进入预设的工作环境。

此外，Visio 可支持其他多种格式的图形文件，如：.gif、.jpg 等。

3. Visio 绘制图形步骤

Visio 绘制图形步骤如下：

① 启动 Visio，进入“新建和打开文件”窗口。

② 根据需要绘制的图形类别，在“选择绘图类型”栏“类别”中单击选择相应的模板，生成新空白绘图页。

③ 在模具中选择一个图件拖放到绘图页上合适的位置。

④ 重复上述步骤，从模具中选择各种需要的元件拖动至页面中，并按要求排列好。

⑤ 使用“连接线”工具或“动态连接线”完成所有图元的连接。

⑥ 如果需要设置连线，可选择需要设置的连线，使用“格式”工具栏中的“线型”“线端”“线条粗细”工具设置线条的线型、粗细和箭头。

⑦ 如果需要为图形插入文字，可双击图形，进入文字编辑方式，输入文字。使用“格式”工具栏中“字体”“字号”修改文字字体、字号。

⑧ 保存文件。

二、绘制网络拓扑结构图

1. 启动 Visio

运行 Visio 2010 软件，初始界面如图 4-5 所示。

图 4-5 Visio 启动界面

2. 创建详细网络图

选择“详细网络图”模板，单击“创建”按钮，创建详细网络图，如图 4-6 所示。

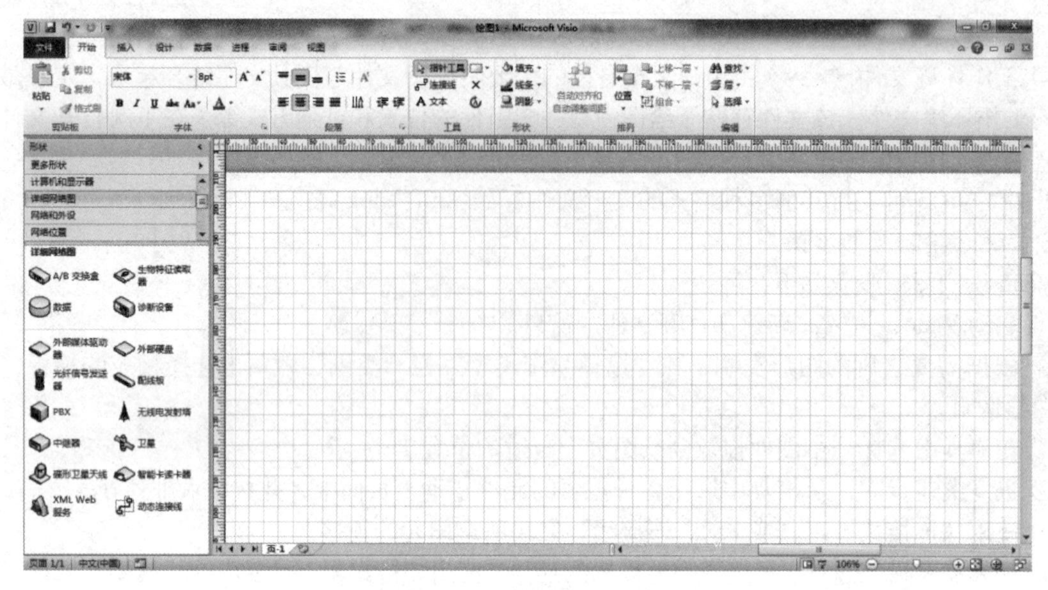

图 4-6　创建详细网络图

3. 选择形状

在左边形状列表中选择“网络和外设”选项，在其中的形状列表中选择“交换机”选项（因为交换机通常是网络的中心，首先确定好交换机的位置），按住鼠标左键把交换机形状拖动到右边窗口中的相应位置，然后松开鼠标左键，得到一个交换机形状。在按住鼠标左键的同时拖动四周的绿色方格可以调整形状大小，旋转图元顶部的绿色小圆圈可以改变图元的摆放方向，把鼠标放在图元上，然后在出现 4 个方向箭头时按住鼠标左键可以调整图元的位置。使用相同选择方法选择需要的形状，并调整大小、位置，如图 4-7 所示。

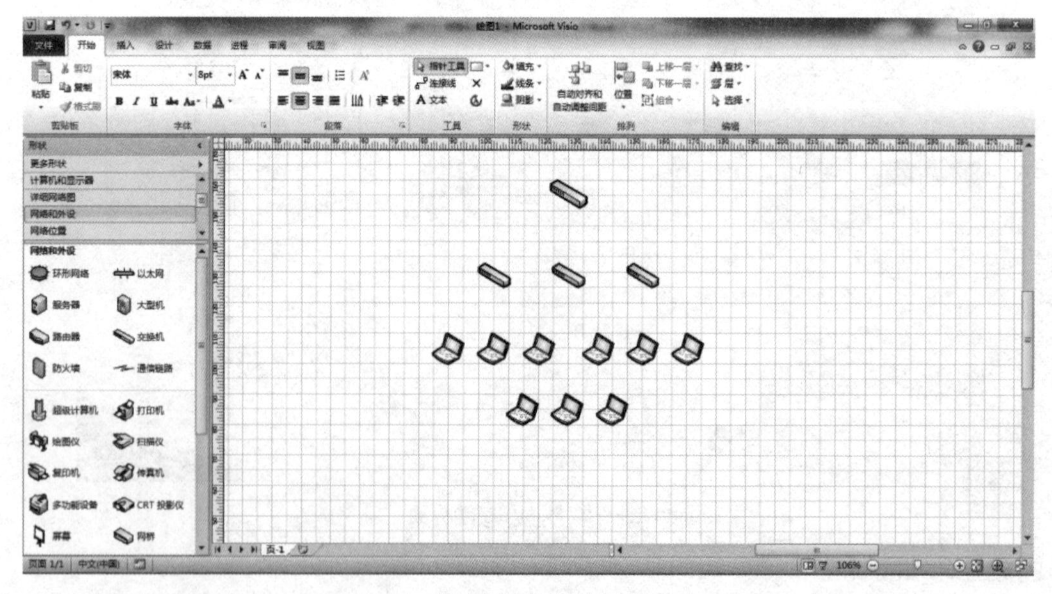

图 4-7　选择形状

4. 标注

单击工具栏中的 A 文字按钮，然后用鼠标在形状下方拉出一个小的文本框，在文本框中可以输入交换机型号或其他标注，如图 4-8 所示。

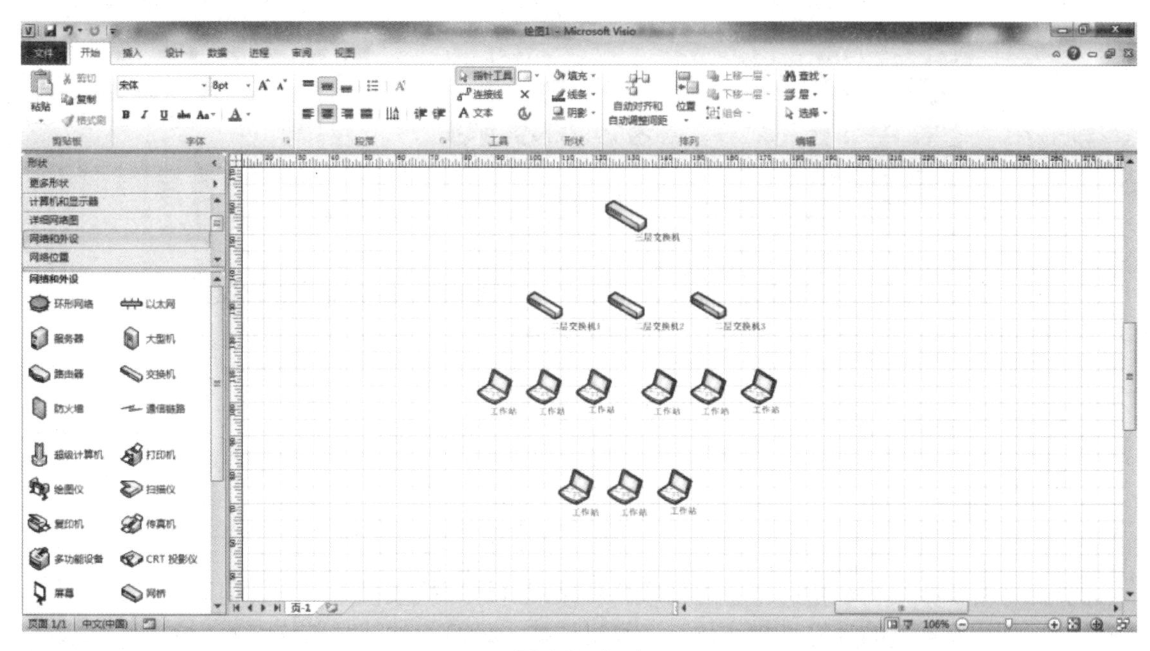

图 4-8　标注

标注文本的字体、字号和格式等都可以通过工具栏中的工具来调整。如果要调整所有标注，可在图元上单击鼠标右键，在弹出的快捷菜单中选择“格式”→“文本”命令，打开图 4-9 所示的对话框，从中进行详细的配置。标注的输入文本框位置也可通过按住鼠标左键进行移动。

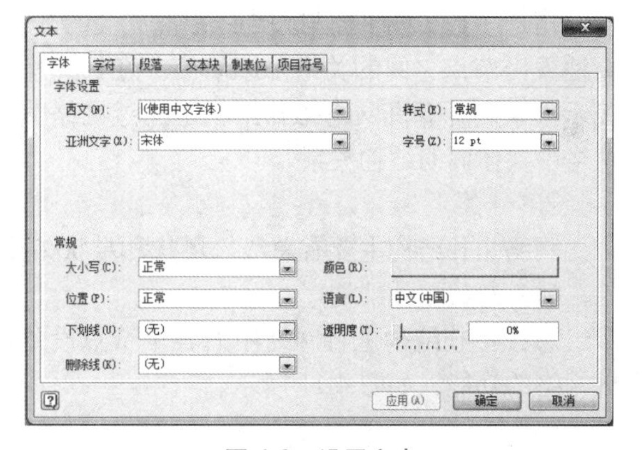

图 4-9　设置文本

5. 连接线

使用工具栏中的连接线工具可进行连线连接。在选择了该工具后，单击要连接的两个形状之一，此时会有一个红色的方框，移动鼠标选择相应的位置，当出现紫色星状点时按住鼠标左键，把连接线拖到另一形状，注意此时如果出现一个大的红方框则表示不宜选择此连接点，当出现小的红色星状点即可松开鼠标，连接建立成功，如图 4-10 所示。

小提示：更改图元大小、方向和位置，需要在工具栏中选择“指针工具”，否则不会出现改变图元大小、方向和位置的方点和圆点。要整体移动多个图元，可在按住【Ctrl】和【Shift】两键的情况下，按住鼠标左键拖动光标选取多个要移动的图元，当光标在出现的矩形框的 4 个方向上呈现箭头时，即可通过拖动鼠标整体移动多个图元了。要删除连接线，需先选取相应连接线，然后再按【Delete】键删除。

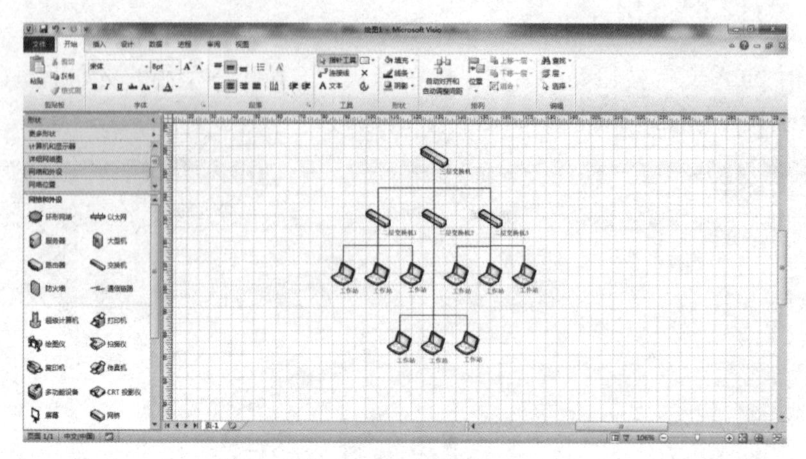

图 4-10　连接线

相关知识

一、网络拓扑结构

1. 定义

计算机网络拓扑结构是指网络中通信线路和站点（计算机或设备）的几何连接形式。计算机网络是一系列相互连接的计算机集合体，计算机网络中计算机的连接有许多不同的连接方法，网络拓扑结构表明了计算机及其他设备的连接关系。

拓扑学是一种研究与大小、距离无关的几何图形特征的学科，它隐去了事物的具体物理特性，而抽象出节点之间的关系加以研究。在计算机网络中常采用拓扑学的方法，将计算机网络的结构表示出来。计算机网络拓扑结构是通过网络节点与通信线路之间的几何关系表示网络结构，反映网络中实体间的结构关系。

2. 分类

网络拓扑结构主要有总线、环状和星状拓扑结构。

（1）总线拓扑结构

总线拓扑结构是将网络中的各个节点设备用一根总线（如同轴电缆等）挂接起来，实现计算机网络的功能，如图 4-11 所示。

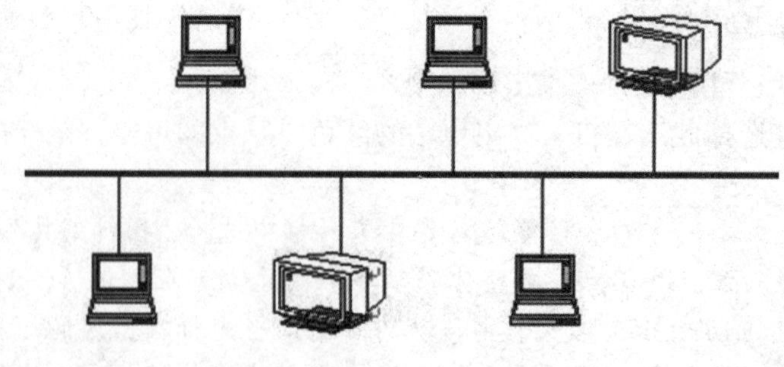

图 4-11　总线拓扑结构

总线拓扑结构中数据传输是广播式传输，数据通过总线发送给网络中所有的计算机，只有计算机地址与信号中的目的地址相匹配的数据才能被接收到。总线结构一般采取分布式访问控制策略来协调网络上计算机数据的发送。

总线拓扑结构对于一个网络段上的节点数有一定的限制。如果网络中的计算机需求数大于这一限制，通常需要采用增加中继器的方法对网络进行扩充。

总线拓扑结构主要优缺点如表4-1所示。

表4-1　总线网络拓扑结构主要优缺点

主要优点	主要缺点
网络结构简单，节点的插入、删除比较方便，易于网络扩展	故障诊断困难，非集中控制，故障诊断需在整个网络的各个站点上进行
设备少、造价低，安装和使用方便	故障隔离困难，节点发生故障，易隔离；传输介质出现故障时，需要将整个总线切断
具有较高的可靠性，单个节点的故障不会涉及整个网络	易于发生数据碰撞，线路争用现象比较严重

总线网络拓扑结构主要适用于家庭、宿舍等网络规模较小的地方。

（2）星状拓扑结构

星状拓扑结构以中央节点为中心，并用单独的线路使中央节点与其他各节点相连，相邻节点之间的通信都要通过中心节点；星状拓扑结构采用集中式通信控制策略，所有的通信均由中央节点控制，中央节点必须建立和维持许多并行数据通路；星状拓扑结构采用的数据交换方式主要有线路交换和报文交换两种，线路交换更为普遍。

星状拓扑结构主要优缺点如表4-2所示。

表4-2　星状网络拓扑结构主要优缺点

主要优点	主要缺点
易于故障的诊断与隔离	过分依赖中央节点
易于网络的扩展	组网费用高
具有较高的可靠性	布线比较困难

星状网络是实际中应用最广的网络拓扑，一般学校、单位都采用这种网络拓扑结构组建计算机网络。

（3）环状拓扑结构

环状拓扑由各节点首尾相连形成一个闭合环状线路，如图4-12所示。环状网络中的信息传送是单向的，即沿一个方向从一个节点传到另一个节点；每个节点需安装中继器，以接收、放大、发送信号。

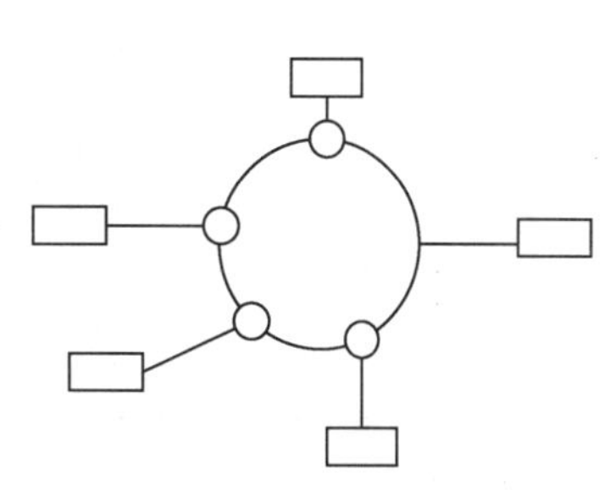

图4-12　环状拓扑结构

在环状拓扑结构网络中各个节点的地位相等。

环状拓扑中的每个站点都是通过一个中继器连接到网络中的，网络中的数据以分组的形式发送。

环状拓扑结构主要优缺点如表4-3所示。

表 4-3　环状网络拓扑结构主要优缺点

主要优点	主要缺点
数据传输质量高	网络扩展困难
可以使用各种介质	网络可靠性不高
网络实时性好	故障诊断困难

环状网使用的较少，它主要用于跨越较大地理范围的网络，环状拓扑结构更适合于超大规模的网络。

（4）网状拓扑结构

网状拓扑网络中，节点之间的连接是任意的，没有规律。网状结构分为全连接网状和不完全连接网状两种形式。全连接网状中，每一个节点和网中其他节点均有链路连接。不完全连接网中，两节点之间不一定有直接链路连接，它们之间的通信，依靠其他节点转接。这种网络的优点是节点间路径多，碰撞和阻塞可大大减少，局部的故障不会影响整个网络的正常工作，可靠性高；网络扩充和主机入网比较灵活、简单。但这种网络关系复杂，建网不易，网络控制机制复杂，必须采用路由选择算法和流量控制方法。

广域网基本上采用网状型拓扑结构，一般用不完全连接网状结构。

在选择拓扑结构时，主要考虑的因素有：安装的相对难易程度；重新配置的难易程度；维护的相对难易程度；通信介质发生故障时，受到影响的设备的情况。

二、网络综合布线常用图符

图符是设计人员用来表达其设计意图和设计理念的符号。只要设计人员在图纸对图符加以说明，使用什么样的图形或符号来表示并不重要。但如果设计人员既不想特别说明，又希望读者能明白其意，从而读懂图纸，就必须使用一些统一的图符（图例）。综合布线工程设计中部分常用图符如图 4-13 所示。

图　例	说　明	图　例	说　明
	FD楼层配线架		沿建筑物明铺的通信线路
	BD建筑物配线架		沿建筑物暗铺的通信线路
	CD建筑群配线架		接地
	配线箱（柜）		集线器
	桥架		直角弯头
	走线槽（明敷）		T形弯头
	走线槽（暗装）		单孔信息插座
	个人计算机		双孔信息插座
	计算机终端		三孔信息插座
(A)	适配器		综合布线系统的互取
MD	调制解调器		交接间

图 4-13　网络综合布线常用图符

任务测评

姓名		学号		分值	自评	互评	师评
序号	观察点	评分标准					
1	学习态度	遵守纪律		2			
		学习积极性、主动性		3			
2	学习方法	明确任务		2			
		认真分析任务，明确需要做什么		3			
		按任务实施完成了任务		3			
		认真学习了相关知识		2			
3	技能掌握情况	Visio 认识、基本操作技能		20			
		使用 Visio 绘制网络拓扑结构图技能		30			
		网络综合布线常用图符认知技能		10			
4	知识掌握情况	Visio 基本操作		5			
		网络拓扑结构		10			
5	职业素养	团队关系融洽		3			
		协商、讨论并解决问题		2			
		互相帮助学习		2			
		做好 5S(整理、整顿、清理、清洁、自律)		3			

任务二　网络综合布线模型系统设计

任务描述

网络综合布线模型系统，如图 4-14、图 4-15 所示。在地面（或墙面）设计三层（模拟楼层，见图 4-14）作为三个不同的工作区，每个工作区布置三个信息点，在一个 52 U 的机柜上部安装三个交换机分别作为三个工作区的管理间，在下部安装一个交换机作为设备间（见图 4-15），管理间与设备间通过配线架的链路连接作为垂直子系统，要求根据此需求进行网络综合布线模型系统设计。

任务分析

本项目设计是简单的网络综合布线模型系统设计，根据模型系统的需求，工作区信息点数量不多，水平子系统管线也不多，管理间子系统、设备间子系统虚拟化到同一个机柜内部，垂直子系统虚拟化为机柜内链路连接。为体现网络综合布线设计要点，本设计将按照一般网络综合布线系统设计要求，从以下几个方面进行设计：总体设计、工作区子系统设计、水平子系统设计、管理子系统设计、垂直子系统设计、设备间子系统设计。

一、总体设计

1. 概况

(1) 网络拓扑结构

根据网络规划，设计并画出网络综合布线模型系统拓扑结构图，如图 4-14 所示。

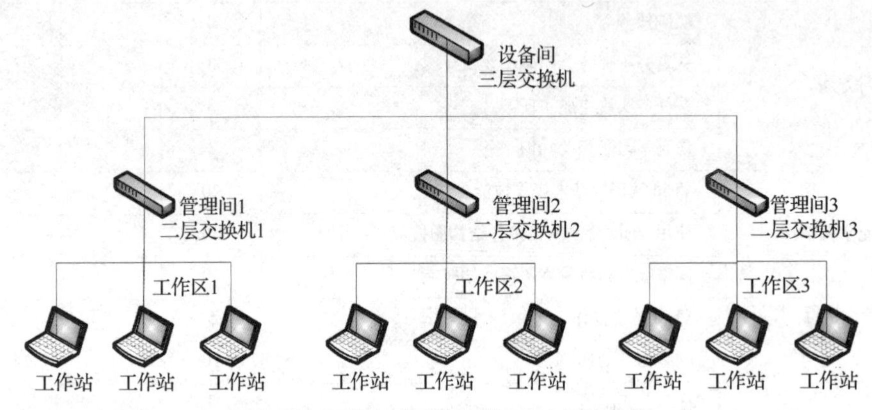

图 4-14 网络综合布线模型系统拓扑结构

(2) 综合布线平面图

根据实地调查，画出网络综合布线模型系统平面图，如图 4-15 所示。

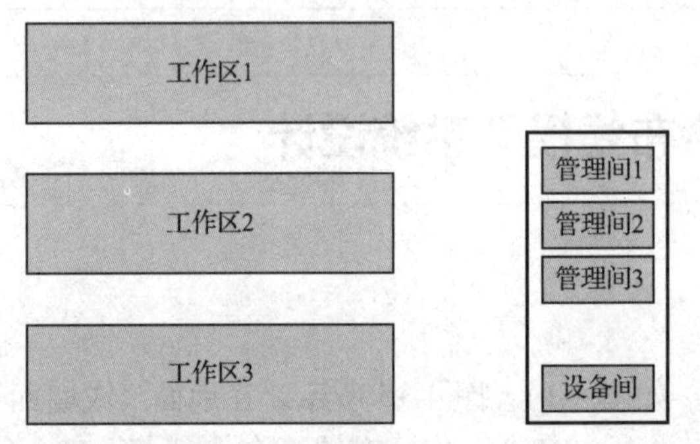

图 4-15 网络综合布线模型系统平面图

2. 设计原则

综合布线系统设计原则为模块化、实用性、先进性、开放性、灵活性、扩充性、标准性、安全可靠性及经济性。

3. 规范

本设计符合规范：

《综合布线系统工程设计规范》(GB 50311—2016)。

《综合布线系统工程验收规范》(GB 50312—2016)。

4. 总体方案

根据网络综合布线任务需求分析，该网络工程以模拟管理间、设备间的机柜为核心进行布线，具体设计方案如下：

① 共划分为三个工作区（模拟楼层），每个工作区规划布置三个信息点。

② 水平子系统（工作区至机柜内模拟管理间的交换机）以超 5 类非屏蔽双绞线布线，布线结构为星状结构。

③ 三个工作区的管理间（三台交换机模拟）建立在 1 .6 m 标准机柜上部。

④ 垂直子系统（机柜内模拟管理间的交换机至模拟设备间的交换机间跳线）以超 5 类非屏蔽双绞线布线。

⑤ 设备间（机柜内交换机模拟）建立在机柜底部。

5. 系统结构

根据总体方案，画出网络综合布线模型系统结构图，如图 4-16 所示。

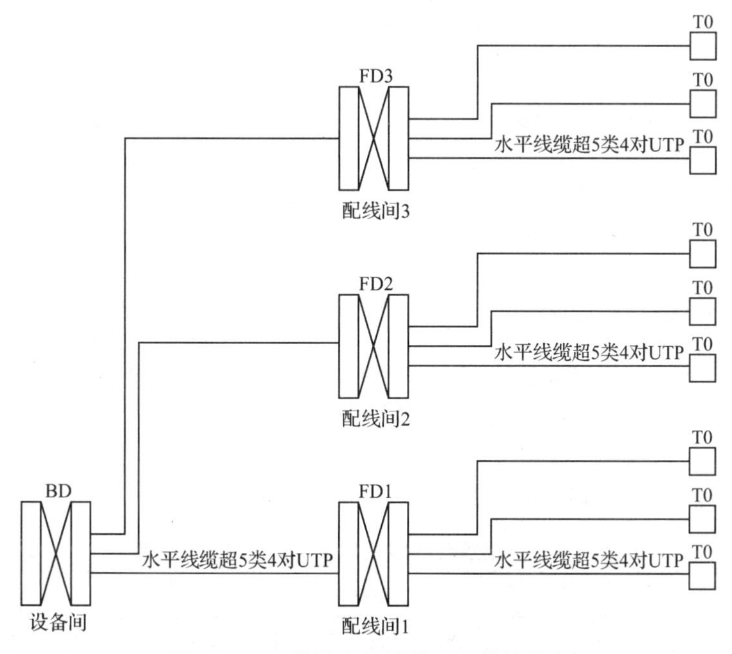

图 4-16 网络综合布线模型系统结构图

二、工作区子系统设计

1. 信息点确定

(1) 信息点分布图

每个工作区设置三个信息插座，共三个工作区。信息点分布图如图 4-17 所示。

(2) 信息点点数表

信息点点数表即信息点点数统计表，如表 4-3 所示。

2. 信息插座的安装方式

① 插座的安装方式选用明装方式。

② 信息插座安装底部离地面（下一层虚拟工作区）的高度为 30 cm。

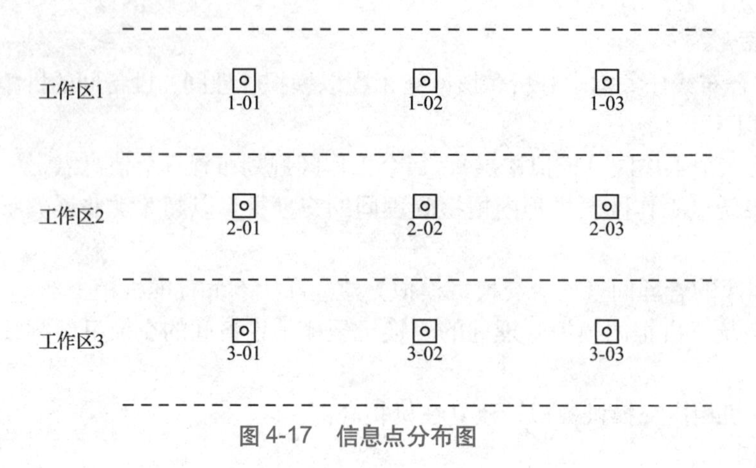

图 4-17　信息点分布图

表 4-3　网络综合布线模拟系统点数表

工作区（楼层）编号	房间或区域编号								信息点合计
	01		02		03		合计		
	数据	语音	数据	语音	数据	语音	数据	语音	
1	1		1		1		3		
2	1		1		1		3		
3	1		1		1		3		
合计							9		9

③ 信息插座旁边应该配置电源插座（模型中略去），电源插座与信息插座距离相隔 20 cm 以上。

④ 数据和语音通信模块端口统一使用 RJ-45 接口。

3. 材料清单

网络综合布线模拟系统工作区材料清单，如表 4-4 所示。

表 4-4　网络综合布线模拟系统工作区材料清单

工作区材料清单					
材料名称	品　　牌	规　　格	数　　量	单　　位	备　　注
明装底盒	唯众	86 mm × 86 mm	9	个	
信息模块	唯众		9	个	
跳线		超 5 类非屏蔽 3 m	9	根	自制
水晶头		超 5 类非屏蔽	20	个	
电源插座					模型中被略去

三、水平子系统设计

1. 线路路由

根据实际环境，网络综合布线模拟系统线路路由如图 4-18 所示。

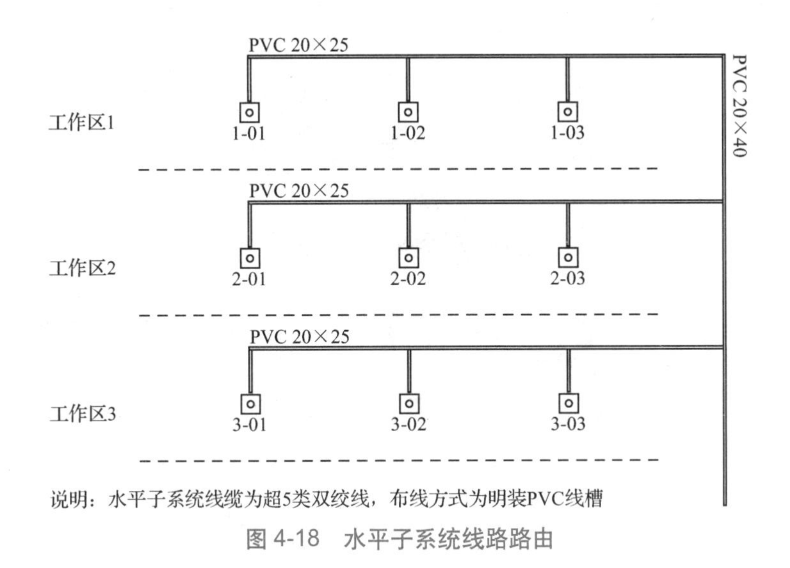

图 4-18 水平子系统线路路由

2. 安装方式

① 线缆使用超 5 类双绞线。

② 布线方式为明装 PVC 线槽，支线线槽规格为 20 mm × 25 mm，干线线槽规格为 20 mm × 40 mm。

3. 材料清单

网络综合布线模拟系统水平子系统材料清单，如表 4-5 所示。

表 4-5 网络综合布线模拟系统水平子系统材料清单

水平子系统材料清单					
材料名称	品 牌	规 格	数 量	单 位	备 注
网线	唯众	CAT5E UTP	50	m	
PVC 线槽		20 mm × 25 mm	5	根	4m/ 根
PVC 线槽		20 mm × 40 mm	2	根	4m/ 根
塑胶膨胀螺钉		30	1	包	

四、管理间子系统设计

1. 管理间设置

每一个工作区（楼层）设置一个管理间，本模拟系统中在机柜内分别使用三个交换机模拟三个管理间，分别管理工作区 1、工作区 2、工作区 3。

2. 机柜安装大样图

水平子系统所有线路集中于配线架（机柜内）统一管理，机柜安装大样图如图 4-19 所示。

3. 配线端口对应表

配线端口对应表如表 4-6 所示。

4. 管理间设备

网络综合布线模拟系统管理间设备清单如表 4-7 所示。

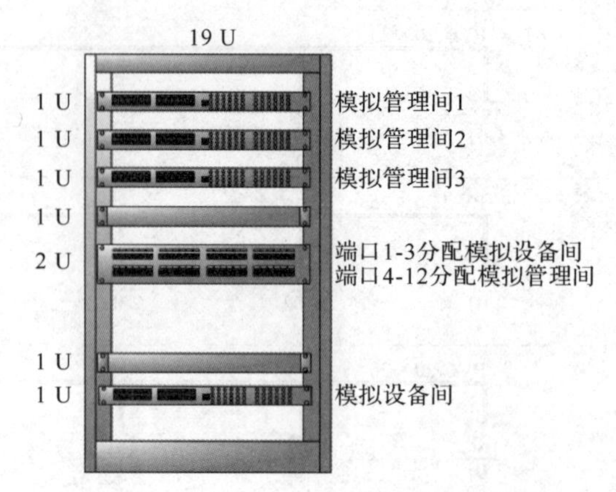

图 4-19　管理间子系统机柜安装大样图

表 4-6　管理间配线端口对应表

机柜编号	配线架编号													
FD1	—	端口号	1	2	3	4	5	6	7	8	9	10	11	12	……
		信息点编号				1-01	1-02	1-03	2-01	2-03	2-03	3-01	3-02	3-03	

表 4-7　网络综合布线模拟系统管理间设备清单

管理间材料清单					
设备名称	品牌	规格	数量	单位	备　注
机柜	唯众	600 mm × 600 mm × 1200 mm	1	个	模拟管理间、设备间
配线架	唯众	超 5 类非屏蔽 24 口	1	个	三个管理间及设备间共用
理线架	唯众		1	个	三个管理间共用

五、垂直子系统设计

1. 线路路由

模型系统中，管理间、设备间都使用机柜中的交换机模拟，故垂直子系统的布线仅为机柜中的链路连接，分别把模拟管理间的三个交换机出口连接到设备间配线架端口即可。

2. 安装方式

① 线缆使用超 5 类双绞线。

② 布线方式在此模型系统被省去。

3. 材料清单

网络综合布线模拟系统垂直子系统材料清单如表 4-8 所示。

表 4-8　网络综合布线模拟系统垂直子系统材料清单

垂直子系统材料清单					
材料名称	品　牌	规　格	数　量	单　位	备　注
网线	唯众	CAT5E UTP	10	m	简略为同一机柜中链路连接

六、设备间子系统设计

1. 设备间设置

系统设置一个设备间，本模拟系统中在机柜中分别使用一个交换机模拟设备间。

2. 机柜安装大样图

本模拟系统中，管理间与设备间都在一个机柜中模拟，设备间机柜安装大样图已在管理间机柜安装大样图中画出，如图 4-20 所示。

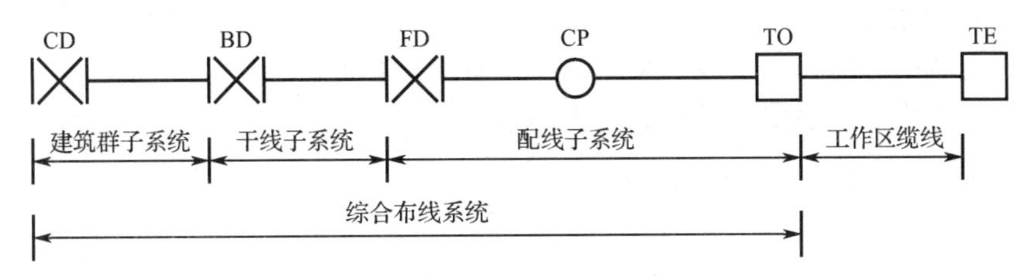

图 4-20　网络综合布线系统基本结构

3. 配线端口对应表

配线端口对应表如表 4-9 所示。

表 4-9　设备间配线端口对应表

机柜编号	配线架编号													
FD1	—	端口号	1	2	3	4	5	6	7	8	9	10	11	12	…
		信息点编号	FD1	FD2	FD3										

4. 设备间设备

网络综合布线模拟系统设备间设备清单如表 4-10 所示。

表 4-10　网络综合布线模拟系统管理间设备清单

设备间材料清单					
设备名称	品　牌	规　格	数　量	单　位	备　注
机柜	唯众	19U	1	个	模拟管理间、设备间
配线架	唯众	CAT5E 24	1	个	设备间与三个管理间共用
理线架	唯众		1	个	

相关知识

一、网络综合布线系统设计原则

1. 网络综合布线系统设计原则

网络综合布线系统设计应遵循兼容性原则、开放性原则、灵活性原则、可靠性原则和先进性原则。

2. 工程设计原则

工程设计原则为：

① 设计思想应当面向功能需求；

② 综合布线系统工程应当合理定位；

③ 经济性；

④ 选用标准化定型产品。

在具体进行综合布线系统工程设计时，注意把握好以下几个基本点：

① 尽量满足用户的通信需求；

② 了解建筑物、楼宇之间的通信环境与条件；

③ 确定合适的通信网络拓扑结构；

④ 选取适用的传输介质；

⑤ 以开放式为基准，保持与多数厂家产品、设备的兼容性；

⑥ 将系统设计方案和建设费用预算提前告知用户。

二、网络综合布线系统的典型结构

1. 网络综合布线系基本结构

网络综合布线系统主要包括工作区子系统、水平子系统、管理间子系统、垂直子系统、设备间子系统、建筑群子系统及进线间子系统。其基本结构如图 4-20 所示。

2. 网络综合布线系统的典型结构

网络综合布线系统的典型结构，如图 4-21、图 4-22 所示。

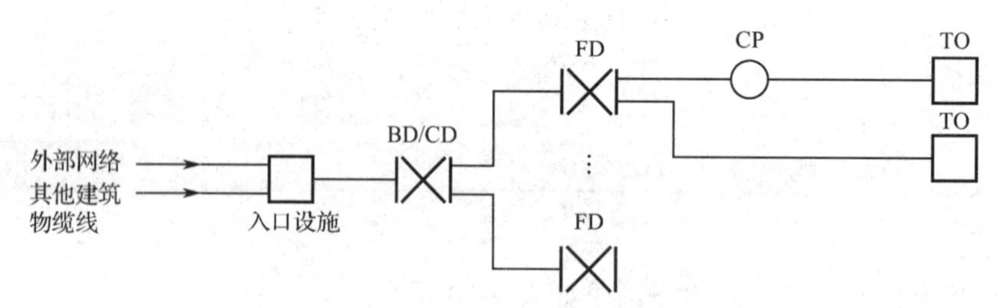

图 4-21 网络综合布线系统入口设施及引入缆线构成

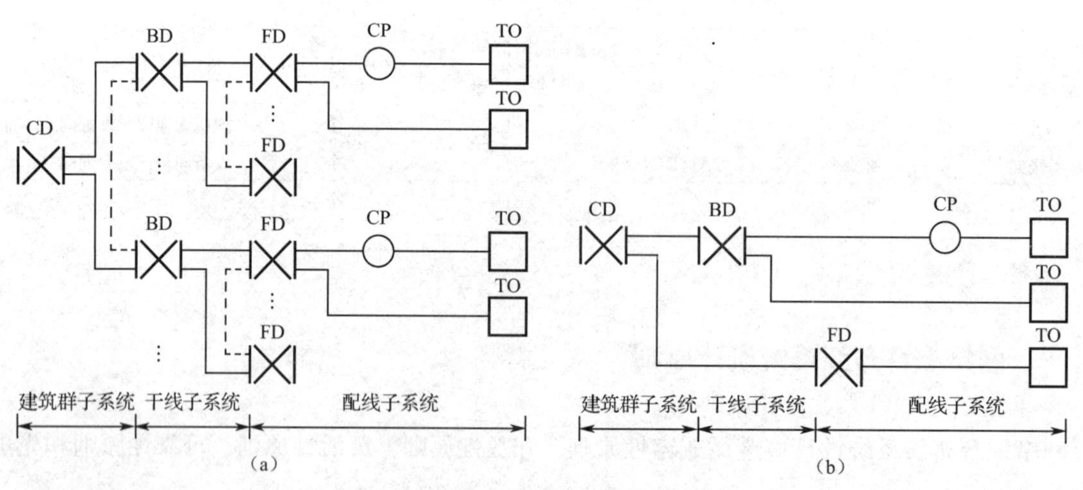

图 4-22 网络综合布线系统的典型结构

三、工作区子系统设计原则

工作区（又称服务区）子系统是指从终端设备（可以是电话、微机和数据终端，也可以是仪器仪表、传感器的探测器）连接到信息插座的整个区域，是工作人员利用终端设备进行工作的地方。

1. 工作区子系统设计要点

工作区子系统设计要点包括：

① 工作区内线槽的敷设要合理、美观；

② 信息插座设计在距离地面 30 cm 以上；

③ 信息插座与计算机设备的距离保持在 5 m 范围内；

④ 网卡接口类型要与线缆接口类型保持一致；

⑤ 所有工作区所需的信息模块、信息座、面板的数量要准确；

⑥ 计算 RJ-45 水晶头所需的数量。[RJ-45 总量 = 4 × 信息点总量 ×(1 + 15%)]

2. 工作区子系统设计步骤

① 根据楼层平面图计算每层楼布线面积。

② 估算信息插座数量，一般设计两种平面图供用户选择：为基本型设计出每 9 m^2 一个信息插座的平面图；为增强型或综合型设计出两个信息插座的平面图。

③ 确定信息插座的类型。

3. 信息插座的数量确定与配置

信息插座可分为嵌入式安装插座、表面安装插座、多介质信息插座 3 种类型。其中，嵌入式安装插座用来连接 5 类或超 5 类双绞线，多介质信息插座用来连接双绞线和光纤，以解决用户对光纤到桌面的需求。

四、水平子系统设计原则

水平子系统也称为配线子系统，是由工作区的信息插座、信息插座到楼层配线设备（FD）的水平电缆或光缆、楼层配线设备和跳线组成。

1. 水平子系统设计要点

① 根据建筑物的结构、布局和用途，确定水平布线方案；

② 确定电缆的类型和长度，水平子系统通常为星状结构，一般使用双绞线布线，长度不超过 90 m；

③ 布线必须走线槽或在天花板吊顶内布线，最好不走地面线槽；

④ 确定线路走向和路径，选择路径最短和施工最方便的方案；

⑤ 确定槽、管的数量和类型。

2. 水平子系统线缆选择

① 产品选型必须与工程实际相结合；

② 选用的产品应符合我国国情和有关技术标准（包括国际标准、我国国家标准和行业标准）；

③ 近期和远期相结合；

④ 符合技术先进和经济合理相统一的原则。

3. 水平子系统布线方案制定

水平子系统布线，是将线缆从管理间子系统的配线间接到每一楼层的工作区的信息输入 / 输出（I / O）插座上。设计者要根据建筑物的结构特点，从路线最短、造价最低、施工方便、布线规范等几个方面考虑，优选最佳的方案。一般可采用 3 种类型：

① 直接埋管式；

② 先走吊顶内线槽，再走支管到信息出口的方式；

③ 适合大开间及后打隔断的地面线槽方式，其余都是这 3 种方式的改良型和综合型。

五、管理间子系统设计原则

管理间子系统由交连 / 互连的配线架、信息插座式配线架、相关跳线组成。管理间子系统为连接其他子系统提供手段，它是连接垂直子系统和水平子系统的设备，用来管理信息点，其主要设备是机柜、交换机、机柜和电源。

管理间子系统的设计要点：

① 管理间子系统中干线配线管理宜采用双点管理双交接；

② 管理间子系统中楼层配线管理应采用单点管理；

③ 配线架的结构取决于信息点的数量；

④ 端接线路模块化系数合理；

⑤ 设备跳接线连接方式要符合要求。

六、垂直子系统设计原则

垂直子系统负责连接管理间子系统到设备间子系统，提供建筑物干线电缆，一般使用光缆或选用大对数的非屏蔽双绞线，由建筑物配线设备、跳线，以及设备间至各楼层管理间的干线电缆组成。

1. 垂直子系统的设计要点

① 确定每层楼的垂直子系统要求，根据不同的需要和经济因素选择垂直子系统电缆类别；

② 确定垂直子系统路由，原则是最短、最安全、最经济；

③ 绘制垂直子系统路由图，采用标准中规定的图形与符号绘制垂直子系统的线缆路由图，确定好布线的方法；

④ 确定垂直子系统电缆尺寸，垂直子系统电缆的长度可用比例尺在图纸上量得，每段电缆长度要有备用部分（约 10 %）和端接容差；

⑤ 布线要平直，走线槽，不要扭曲；两端点要标号；室外部要加套管，严禁搭接在树干上；双绞线不要拐硬弯。

2. 光纤线缆的选择

垂直子系统主线缆多用光纤，光纤分单模、多模两种。从目前国内外应用的情况来看，采用单模结合多模的形式来铺设主干光纤网络，是一种合理的选择。

七、设备间子系统设计原则

设备间子系统由设备室的电缆、连接器和相关支撑硬件组成，通过电缆把各种公用系统设备互连起来。

1. 设备间的设计要点

① 设备间尽量选择建筑物的中间位置，以便使线路最短；

② 设备间要有足够的空间，能保障设备存放；

③ 设备间建设标准要按机房标准建设；

④ 设备间要有良好的工作环境；

⑤ 设备间要配置足够的防火设备。

2. 设备间中的设备选择

设备间子系统的硬件大致同管理子系统的硬件相同，基本由光纤、铜线电缆、跳线架、引线架、跳线构成，只不过是规模比管理子系统大。

八、建筑群子系统设计原则

规模较大的单位邻建筑物较多，相互相邻。彼此之间的语音、数据、图像和监控等系统可用传输介质和各种支持设备（硬件）连接在一起。连接各建筑物之间的缆线及相应设备组成建筑群子系统，也称楼宇管理子系统。

1. 建筑群子系统的设计要点

① 建筑群数据线缆一般应选用多模或单模室外光缆。

② 建筑群数据线缆需使用光缆与电信公用网连接时，应采用单模光缆，芯数应根据综合通信业务的需要确定。

③ 建筑群线缆宜采用地下管道方式进行敷设，设计时应预留备用管孔，以便为扩充使用。

④ 当采用直埋方式时，线缆通常离地面 60 cm 以下的地方。

2. 建筑群子系统中线缆敷设方法

① 架空线缆布线；

② 直埋线缆布线；

③ 管道系统线缆布线；

④ 隧道内线缆布线。

任务测评

姓名		学号	分值	自评	互评	师评
序号	观察点	评分标准				
1	学习态度	遵守纪律	2			
		学习积极性、主动性	3			
2	学习方法	明确任务	2			
		认真分析任务，明确需要做什么	3			
		按任务实施完成了任务	3			
		认真学习了相关知识	2			
3	技能掌握情况	工作区子系统设计技能	10			
		水平子系统设计技能	10			
		管理间子系统设计技能	10			
		垂直子系统设计技能	10			
		设备间子系统设计技能	10			
4	知识掌握情况	网络综合布线系统设计原则	5			
		网络综合布线系统典型结构	5			
		网络综合布线系统各子系统设计要点	15			
5	职业素养	团队关系融洽	3			
		协商、讨论并解决问题	2			
		互相帮助学习	2			
		做好 5S（整理、整顿、清理、清洁、自律）	3			

项目总结

本项目首先通过使用Visio绘图软件绘制简单的网络拓扑结构图使读者熟悉认识Visio绘图软件，并掌握Visio的基本操作，从而为网络综合布线系统设计方案制作打下基础。接下来通过一个简单的网络综合布线模型系统的设计实例，介绍了网络综合布线系统总体设计、工作区子系统设计、水平子系统设计、管理间子系统设计、垂直子系统设计及设备间子系统设计的设计方法、要点及实现。

自我测评

一、填空题

1.Visio可以绘制的网络综合布线图有______。

2. 机柜安装大样图的作用是______。

3. 在综合布线系统中，一个独立的工作区一般情况下其终端设备包括______和______。

4. 在综合布线系统中，安装在工作区墙壁上的信息插座应该距离地面______以上。

5. 综合布线系统中，工作区内的布线主要包括______、______和______等几种布线方式。

二、选择题

6. 布线系统的工作区，如果使用4对非屏蔽双绞线作为传输介质，则信息插座与计算机终端设备的距离保持在（　　）以内。

A. 2 m　　B. 90 m　　C. 5 m　　D. 100 m

7. 综合布线系统采用4对非屏蔽双绞线作为水平干线，若大楼内共有100个信息点，则建设该系统需要（　　）个RJ-45水晶头。

A. 200　　B. 400　　C. 230　　D. 460

8. 在水平干线子系统的布线方法中,(　　)采用固定在楼顶或墙壁上的桥架作为线缆的支撑，将水平线缆敷设在桥架中，装修后的天花板可以将桥架完全遮蔽。

A. 直接埋管式　　B. 架空式　　C. 地面线槽式　　D. 护壁板式

9. 建筑物之间通常有地下通道，大多是供暖供水的，利用这些通道来敷设电缆不仅成本低，而且可利用原有的安全设施，采用这种方法的布线方法叫作（　　）。

A. 架空电缆布线　　B. 直埋电缆布线　　C. 管道内电缆布线　　D. 隧道内电缆布线

10. Visio可打开的图形文件是（　　）。

A. *.jpg　　B. *.vsd　　C. *.gif　　D. *.bmp

三、思考题

11. 综合布线系统设计分几个等级？每个设计等级的基本配置是什么？

12. 综合布线系统设计的原则是什么？主要步骤是哪些？

13. 在工作区子系统中？如何确定信息插座数量？

14. 在水平子系统中？线缆用量计算常使用什么方法？

15. 简要说明工程图纸绘制要点。

项目五 网络综合布线模型工程施工与管理

学习目标

知识目标

- 熟悉网络综合布线工程施工规范。
- 熟悉网络综合布线工程施工方案。
- 熟悉网络综合布线工程施工准备。
- 掌握网络综合布线工程施工步骤。
- 掌握网络综合布线工程施工主要技术。

能力目标

- 能够编制简单网络综合布线工程施工方案。
- 能够为网络综合布线工程施工做准备。
- 能够读识各类网络综合布线工程图。
- 能够实施简单网络综合布线工程。

网络综合布线工程施工是将设计构想变为现实的过程，网络综合布线工程是实践性很强的技术工程，在实际教学中，一般学校很难保证网络综合布线工程教学在实际工程案例中实施。现在已经有一些教学设备服务商（如武汉唯众）研制出了网络综合布线工程实训模拟墙（楼），其作用是模拟实际网络综合布线工程让学生进行实训操作。项目四已经完成网络综合布线系统模型的设计，本项目通过制定网络综合布线模型工程施工方案，施工准备和网络综合布线模型工程施工完成网络综合布线模型工程。

任务一 制定网络综合布线模型工程项目施工方案

任务描述

工程项目施工方案是工程施工阶段的起点，建立一套科学严密的管理体系，有效地调配人员、时间和资金等项目资源，对项目的建设非常重要。项目施工方案是项目施工、项目施工管理的依据，是项目进度、项目质量的保证。工程施工没有方案不施工。本任务是依据网络综合布线工程建设规范、要求制定网络综合布线模型工程项目施工方案。

任务分析

施工方案是根据项目确定的。施工方案包括项目组织、项目人员管理、项目现场管理、技术管理、安全管理、材料管理、质量管理、成本管理、施工进度管理等。本任务将从以上各项管理要求制定网络综合布线模型工程项目施工方案。

任务实施

制定网络综合布线模型工程项目施工方案。

一、施工准备

1. 工程范围及工程概况

(1) 工程概况

项目名称：网络综合布线模型工程。

建设单位：第一学习小组。

质量目标：合格工程。

工期：7 天内交付。

(2) 工程范围

内容主要包括：网络综合布线模型信息点安装、PVC 槽板安装、布线、管理间机柜安装。

(3) 编制依据

本施工组织设计依据以下要求编制。

综合布线系统工程设计规范（GB 50311—2016）。

综合布线系统工程验收规范（GB 50312—2016）。

现场实际情况

2. 施工准备

施工准备工作是整个施工生产的前提，根据本工程的实际情况，第一学习小组及项目部共同制订施工的准备计划，为工作开展打下良好基础，主要准备工作如表 5-1 所示。

为实现优质、安全、文明、低耗的工程建设目标，本工程采用项目法施工的管理体制。

表 5-1　网络综合布线模型施工准备计划

项　目	内　容	完成时间	承办人
施工组织设计编制	确定施工方案和质量技术安全等措施	进场前	工程单位、施工单位
施工组织机构	成立项目经理部，确定各级组织及组成人员	进场前	施工单位
方案编制与交底	编写详细的施工方案，前向有关人员和班组仔细交流	分阶段	工程单位、项目经理部
施工内部预算	计算工程量、人工、材料限额量、机械台班	进场前	项目经理部
材料计划	材料供需计划	进场前	项目经理部
图纸会审	全部施工图	进场前	施工单位、项目经理部
机具进场	机械工具进场就位	分阶段	项目经理部
材料进场	部分材料进场	进场前 1 天	项目经理部
人员进场与教育	组织人员陆续进场，进行三级安全教育	分阶段	项目经理部
进度计划交底	明确总进度安排及各部门的任务和期限	每日例会	项目经理部
质量计划交底	明确质量等级特殊要求，加强安全劳动保护	分项施工前	项目经理部

（1）项目法施工

为了保证项目的顺利实施，专门成立了“网络综合布线模型工程项目管理部”的管理组织机构。

本工程施工中实施项目法施工的管理模式。组建本工程的项目经理部，对工程施工进度、质量、安全、成本及文明施工等实施全程管理。在推行项目法施工的同时，从文件控制、材料管理到产品标识，过程控制等过程中，切实执行 ISO 9001 标准及公司质量保证体系文件，达到创优质高效的目标。

项目经理对工程项目行使计划、组织、协调、控制、监督、指挥职能，全权处理项目事务，其下设工程组、质量组、安全组、物料组。项目经理部对公司实施经济责任承包。工程技术管理人员通过岗位目标责任制和行为准则来约束，共同为优质、安全、调整、低耗地完成项目任务而努力工作。

（2）组建项目经理部

本工程实施项目法施工管理。项目经理由取得项目经理资质的员工担任，由项目经理选聘技术、管理水平高的技术人员、管理人员、专业工长组建项目部。

项目管理层由项目经理、技术负责人、安全主管、质量主管、材料主管、机具主管等人员组成，在建设单位、监理公司和本公司的指导下，负责对本工程的工期、质量、安全、成本实施计划、组织、协调、控制和决策，对各施工要素实施全过程的动态管理。

根据网络综合布线模型工程的工程量和工程质量要求，公司对工程技术管理人员和施工人员安排如表 5-2 所示。

表 5-2　网络综合布线模型工程技术管理人员和施工人员

序号	姓名	性别	年龄	本项目担任职务	技术职称 / 职业资格	专　业
1	王强	男	26	项目总监	助理工程师	计算机应用
2	沈常昊	男	21	项目经理		网络技术
3	黄程	男	20	项目技术负责人		网络技术

续表

序号	姓名	性别	年龄	本项目担任职务	技术职称 / 职业资格	专　业
4	范庆为	男	20	系统集成工程师兼质管员		网络技术
5	胡立文	男	19	系统集成工程师兼安全员		网络技术
6	曹文娟	男	20	材料管理员		网络技术

项目经理部对工程项目进行计划管理。谢幕管理主要体现在工程项目综合进度计划和经济计划上。

进度计划包括:施工总进度计划、分项工程进度计划、施工进度控制计划、设备供应进度计划、竣工验收和试运行计划。

经济计划包括：劳动力需用量及工资计划、材料计划、施工机具需用量计划、工程项目降低成本措施及降低成本计划、资金使用计划等。

作业人员配备：施工人员均挑选具有网络综合布相关基础知识人员，分工种组成作业班组，挑选技术过硬、思想素质好的人员带班。

(3) 施工工具设备配备

施工工具设备配备如表 5-3 所示。

表 5-3　施工工具设备配备

机械、仪器、设备名称	数量	进场时间计划	使用工种
电源线盘	1	开工第 1 天	电工、杂工
电工工具箱	1	开工第 1 天	电工、杂工
数字成用表	1	开工第 2 天	电工、系统集成工程师
接地电阻测量仪	1	开工第 2 天	电工、系统集成工程师
线槽剪	1	开工第 1 天	电工、杂工
吸尘器	1	开工第 1 天	杂工
剥线钳	1	开工第 1 天	电工、杂工
压线钳	1	开工第 1 天	电工、杂工
打线刀	1	开工第 1 天	电工、杂工
五对打线工具	1	开工第 1 天	电工、杂工
标识工具	1	开工第 1 天	电工、杂工电工、杂工、系统集成工程师
网络测试仪	1	开工第 2 天	电工、杂工、系统集成工程师

3. 技术准备

施工技术准备是指在正式开展施工作业活动前进行的技术准备工作。这类工作内容繁多，主要有：

① 熟悉施工图纸，组织设计交底和图纸审查。

② 进行工程项目检查验收的项目划分和编号。

③ 审核相关质量文件，细化施工技术方案和施工人员、机具的配置方案，编制施工作业技术

指导书，绘制各种施工详图（如测量放线图、大样图及配筋、配板、配线图表等），进行必要的技术交底和技术培训。

技术准备工作的质量控制，包括对上述技术准备工作成果的复核审查，检查这些成果是否符合设计图纸和相关技术规范、规程的要求；依据经过审批的质量计划审查、完善施工质量控制措施；针对质量控制点，明确质量控制的重点对象和控制方法；尽可能地提高上述工作成果对施工质量的保证程度等。

4. 现场准备

① 根据临水、临电设计方案，搞好施工现场临时用水、用电布置；安排办公、生产临时设施布置，绘制“施工现场平面布置图”。

② 做好施工管理人员上岗前的岗位培训，保证掌握施工工艺、操作方法，考核合格后方可上岗。对工程技术人员集中培训，学习新规范、新法律法规。对施工管理人员进行施工交底，使全部管理人员做到心里有数。对全体人员进行进场前安全、文明施工及管理宣传动员。对特殊工种作业人员集中培训，考核合格后方可上岗。对各班组进行施工前技术、质量交底。根据开工日期和进度计划安排、劳动力需用量计划，组织劳动力进场，并对进场人员进行入场教育。

二、施工组织部署

1. 施工组织安排

按照项目管理要求，精心组织各工种、各工序的作业，对工程的施工过程、进度、资源、质量、安全、成本实行全面管理和动态控制。

2. 施工设计

（1）施工设计要求

施工设计：对网络综合布线模型做出详细勘测之后，规划出线槽施工线路。

施工过程：施工过程的工艺水平与工程质量有直接的关系，通过细化安装操作的各个环节来保证对施工质量的控制。整个施工过程分成三个环节，即线槽安装，布线和配线端接。

施工管理：为工程实施制定有的流程，以便于对工程施工的管理。施工流程控制达到两个目的：保证工艺质量和及时纠正出现的问题。

（2）线槽材料选择和施工要求

线槽选用 PVC 线槽，主线槽规格为 40 mm × 20 mm，支线槽规格为 25 mm × 18 mm，线槽槽底固定点间距为 1 m。

（3）施工过程要求

施工过程由三个方面完成：线槽安装，布线和配线端接。

① 线槽安装：工艺质量满足有关的施工规范和 EIA/TIA569 标准。

② 布线：传输介质采用超 5 类非屏蔽，布线符合 ISO/IEC11801 标准 EIA/TIA569 标准中规定。

③ 配件端接：配件端接的工艺水平将直接影响布线系统的性能。所有端接操作都将由经过专业训练操作熟练技术人员（学生）完成。

（4）施工工艺技术要求

① 严格按图纸施工，在保证系统功能质量的前提下，提高工艺标准要求，确保施工质量。

② 预留位置准确、无遗漏。

③ 线路两端线缆应根据实际情况留有足够的冗余。线缆两端应按照图纸提供的线号用标签进

行标识，根据线色来进行端子接线，并应在图纸上进行标识，作为施工资料进行存档。

④ 设备安装牢固、美观、预装设备、竖成列，墙（地面）装设备端正一致，资料整理正规完整无遗漏。

⑤ 机柜（箱）内接线：

a. 按设计安装图进行机架、机柜安装，安装螺丝必须拧紧。

b. 机架、机柜安装应与进线位置对准；安装时，应调整好水平、垂直度，偏差不应大于 3 mm。

c. 按供货商提供的安装图、设计布置图进行配线架安装。

d. 机架、机柜、配线架的金属基座都应做好接地连接。

e. 核对线缆编号无误。

f. 端接前，机柜内线缆应作好绑扎，绑扎要整齐美观。应留有 1 m 左右的移动余量。

g. 端接前须准备好配线架端接表，线缆端接依照端接表进行。

h. 来自现场进入机柜（箱）内的线缆首先要进行校验编号。

i. 按图施工接线正确，连接牢固接触良好，配线整齐、美观、标牌清晰。

3. 施工管理措施

① 实行项目法管理、优化资源配置，强化运行机制。项目管理的特点是实现生产要素在工程项目上的优化配置和动态管理。为确保项目管理的目标实现，项目经理精心组织指挥本工程的生产活动，调配并管理进入工程项目的人力、资金、物资、生产工具等生产要素，决定内部的分配形式和分配方案并对本工程的质量、安全、工期、现场文明等负有领导责任。应建立权威的生产指挥系统，确保指令畅通，工程按预定的各项目标实施。

② 严格执行施工技术控制措施。本工程对所有的分部工程重要工序都有质量控制方式，如施工程序、重点技术质量控制要求，人员配置、质量检验标准、计量器具配置、安全技术要求等内容。

③ 加强图纸会审和技术交底控制措施。本工程将在接受设计单位或监理单位的系统施工图纸的基础上，组织内部各专业图纸会审，重点解决各专业施工接口管理和相关技术。管理人员通过对系统的熟悉，能及时发现问题，寻找解决办法，以避免返工对质量造成的影响。施工前规定了施工技术的交底程序，以确保对每个施工人员进行技术质量控制。

④ 加强施工现场方的管理。

指定专人负责现场文件的领发、登记、借阅、回收、整理等管理工作。

发生设计变更后应及时发放，做好发放登记签字手续。工程技术人员应及时对原设计图纸进行变更修改或做出更改标识，以便识别跟踪。

施工图纸、设计变更由施工班组长负责保息、使用、回收。

⑤ 加强员工培训管理。

⑥ 坚持现场例会制度。

⑦ 建立工程报告管理制度。

施工管理要求达到的目的：

a. 控制整个施工过程，确保每一道工序井井有条，工序与工序之间协调配合。

b. 密切掌握工程进展和质量，发现问题及时纠正。

c. 实行施工责任人负责制。由课程教师和小组组长负责监督，由管线，布线和端接梯队的负责人组成质量控制小组，负责工程进度和工程质量。

通过严格的管理，才能做到工程质量可靠，端接配件工艺完善，线路排列整齐划一。

三、现场管理

现场管理制度与要求如下：

向管理要效益，杜绝“跑、冒、滴、漏”现象发生，堵塞管理漏洞，在工程项目施工管理中必须建立健全的管理制度中，采取有效的管理措施。

（1）制定管理制

制定人员岗位职责和安全、材料、质量等管理制度。

（2）现场例会制度

参加会议的有监理、项目经理、各小组负责人等现场管理人员。会议主题是工作汇报和总结，协调解决出现的问题，布置下阶段任务。

（3）施工交接制度

做到无施工方案不施工，有方案没交底不施工，班组上岗交底不完全不施工，施工班组要认真做好上岗交底活动记录，严格执行操作规程，不得违章，对违章作业的指令有权拒绝并有责任制止他人违章作业。

（4）施工配合制度（略）

（5）人员管理

制定施工人员档案。

施工人员在施工场地内，须佩戴现场施工有效工作证，以便于识别和管理。

所有施工人员必须遵守制定的安全守则，如有违反给予撤职处分。

项目经理制定施工人员分配表，按照施工进度表预计每个工序所需工程人员数量及配备。并根据工序的性质委派不同的施工人员负责。

项目经理每天向施工人员发放工作责任表，由施工人员细述当天的工作程序、所需用料、施工要求和完成标准。

每天巡查施工场地，注意施工人员的工作操守，以确保工程的正确运行及进度。如果发现员工有任何失职或失责，可按不同情况、程度发出警告，严重者给予撤职处分。

按工程进度制定人员每天上下班时间，尽量避免超时工作，并视工程进度加以调节。

（6）技术管理

① 图纸学习和会审制度。制定、执行图纸会审制度的目的是领会设计意图，明确技术要求，发现设计文件中的差错与问题，提出修改与洽商意见，避免技术事故或产生经济与质量问题。

② 施工组织设计管理制度。按施工组织设计管理制度制定施工项目的实施细则，着重位工程施工组织设计及分部分项工程施工方案的编制与实施。

③ 技术交底制度。施工项目技术系统一方面要接受技术负责人的技术交底，又要在项目内进行层层交底，故要编制制度，以保证技术责任制落实，技术管理体系正常运转，技术工作按标准和要求运行。

④ 施工项目材料、设备检验制度。材料、设备检验制度的宗旨是保证项目所用的材料、构件、零配件和设备的质量，进而保证工程质量。

⑤ 工程质量检查及验收制度。制定工程质量检查验收制度的目的是加强工程施工质量的控制，

避免质量差错造成永久隐患，并为质量等级评定提供数据和情况，为工程积累技术资料和档案。工程质量检查验收制度包括工程预检制度、工程隐检制度、工程分阶段验收制度、单位工程竣工检查验收制度、分项工程交接检查验收制度等。

⑥ 技术组织措施计划制度。制定技术组织措施计划制度，克服施工中的薄弱环节，挖掘生产潜力，加强其计划性、预测性，从而保证施工任务的完成。

⑦ 工程施工技术资料管理制度。工程施工技术资料是施工单位根据有关管理规定，在施工过程中形成的应当归档保存的各种图纸、表格、文字、音像材料等技术文件材料的总称，是工程施工及竣工交付使用的必备条件，也是对工程进行检查、维护、管理、使用、改建和扩建的依据。制定该制度，加强对工程施工技术资料的统一管理，提高工程质量的管理水平。

（7）材料管理

材料到达现场后，先进行开箱检查。首先由设备材料组负责，技术和质量监理参加，将已到现场的材料做直观上的外观检查，是否无外伤损坏，无缺件，核对材料型号规格、数量是否符合施工设计文件及清单的要求，并及时如实填写开箱检查报告。材料管理员应填写材料入库统计表、材料库存统计表、领用材料统计表，分别如表 5-4、表 5-5、表 5-6 所示。

表 5-4　材料入库统计表

序号	材料名称	型号	单位	数量	备注
1					
2					
审核：		仓管：		日期：	

表 5-5　材料库存统计表

序号	材料名称	型号	单位	数量	备注
1					
2					
审核：		统计：		日期：	

表 5-6　领用材料统计表

序号	材料名称	型号	单位	数量	备注
1					
2					
审核：		领用人：		日期：	

（8）安全管理

① 安全检查制度。安全检查是消除事故隐患，预防事故，保证安全生产的重要手段和措施。为了不断改善生产条件和作业环境，使作业环境达到最佳状态。从而采取有效对策，消除不安全因素，保障安全生产，特制定安全检查制度如下：

安全检查的内容：按照建筑部颁发的《建筑施工现场安全检查评分标准》，对照检查执行情况；基槽临边的防护；施工用电、施工机具安全设施，操作行为，劳动防护用品的正确使用和安全防火等。

安全检查的方法：定期检查、突击性检查、专业性检查、季节性和节假日前后的检查和经常性检查。

② 安全技术交底制度。严格进行安全技术交底，认真执行安全技术措施，是实现安全生产的重要保证。

③ 施工用电安全防火制度。

(9) 质量保证措施

建立操作岗位责任制，严格按“三过程管理”（即一般过程、关键过程、特殊过程）并与“过程挂牌”制度相结合，做到检查上过程，保证本过程，服务下过程。严格执行“自检”“交接检”，确保过程质量达到要求。

自检，上岗人员严格按工序要求进行操作，每道工序完成后立即进行自检，自检中发现不合格项，班组立即改正，直到全部合格，班组长填写自检表并注明检查日期，技术负责执行，项目经理监督。

交接检查，过程间的交接检查，包括工程质量、过程完成后的清理和成品保护内容。由责任工程师主持上道过程合格才可交给下道过程，交接双方在记录上签字并注明日期。

分项工程质量评定，分项工程全部过程完成以后由项目经理根据质量验收评定标准组织有关人员共同进行质量检查，责任工程师填写分项工程质量评定表交专职质检员签认核定质量评定等级。不合格按《不合格品控制程序》处理，并得到监理的认可，并将两份评定表定期交项目技术负责人处归档。

特殊过程控制已在“项目质量计划”中予以规定，在实施中均作为质量管理点加强管理，按技术交底要求由工长对工艺和参数进行连续监控并记录。

严格执行图像标准和操作规程，加强工程通病的预控工作，抓紧实现一次合格制度，坚持分项、分部的工程安装质量评定工作，及时填写各项工程验收报表、记录，在施工中加强资料收集和管理工作，及时总结经验，一切原材料都要有材料质量保证书和抽检报告，设备材料进场后要做好保护工作，分类存放，保护材质，以免影响工程质量。

严格执行以下各项管理措施：

① 材料采购要求严格，符合设计要求。不符合材料的坚决退货。

② 材料进场要严格检查验收，并要有出厂合格证，无产品合格证的主要材料不得进入施工现场。

③ 设立专职人员负责材料的质量监督，对不符合设计要求的材料、器具，班组不得施工。

④ 开工前组织图纸会审和技术交底。

⑤ 施工前组织班长以上人员进行技术交底（技术交底卡由技术人员填写）。

相关知识

一、项目管理

项目管理是一种科学的管理方式，项目管理贯穿于项目实施的全过程，项目管理的关键内容是进度、费用和质量的相互协调、相互制约、相互适应，同时项目管理的组织与领导又是项目成败的关键。目前越来越多的企业逐步认识到项目管理的重要性。

1. 项目管理概念

项目管理既是一种科学的管理活动，也是一门新兴的管理学科。项目管理是以项目为对象的一种科学的管理方式，它以系统论的思想为指导，以现代先进的管理理论和方法为基础，通过项目管理特色的组织形式，实现项目全过程的综合动态管理，以有效地完成项目目标。项目管理是在项目运作过程中，综合应用各种知识、技能、手段和技术以完成项目预期的目标和满足项目有关方面的需求。

2. 项目管理内容

项目管理认为，各种项目的生命周期均可分为C、D、E、F四个阶段。各个阶段具有各自的工作方法和工作内容如表5-7所示。

表5-7 各阶段的工作方法和工作内容

阶 段	主要内容
C阶段概念阶段	调查研究、收集数据、明确需求、策划项目、确立目标；进行可行性研究；明确合作关系；确定风险等级；拟定战略方案；进行资源测算；提出组建项目组方案；提出项目建议书；获准进入下一阶段
D阶段开发阶段	确定项目组主要成员；项目最终产品的范围界定；项目实施方案研究；项目质量标准的确定；项目的资源和环境保证；主计划的制定；项目经费及现金流量的预算；项目的工作结构分解（Work Breakdown Structure，WBS）；项目政策与程序的制定；风险评估；确认项目的有效性；提出项目概要报告；获准进入下一阶段
E阶段实施阶段	建立项目组织；建立与完善项目联络渠道；实施项目激励机制；建立项目工作包，细化各项技术需求；建立项目信息控制系统；执行WBS的各项工作；获得订购物品及服务；指导、监督、预测和控制：范围、质量、进度、费用；解决实施中的问题；进入下一阶段
F阶段结束阶段	最终产品的完成；评估与验收；清算最后账物；项目评估；文档总结；资源清理；转换产品责任者；解散项目组

项目管理各阶段的管理内容很多，但其核心工作可归纳为：

① 项目的可行性研究；

② 工作结构分解（WBS）；

③ 项目的三坐标管理；

④ 项目评估。

项目管理的基本要求是：对项目进行前期调查、收集整理相关资料，制定初步的项目可行性研究报告，为决策层提供建议，协同配合制定和申报立项报告材料；对项目进行分析和需求策划；对项目的组成部分或模块进行完整系统设计；制定项目目标及项目计划、项目进度表；制定项目执行和控制的基本计划；建立项目管理的信息系统；项目进程控制，配合上级管理层对项目进行良好的控制；跟踪和分析成本；记录并向上级管理层传达项目信息；管理项目中的问题、风险和变化；项目团队建设；各部门、各项目组之间的协调并组织项目培训工作；项目及项目经理考核；理解并贯彻公司长期和短期的方针与政策，用以指导公司所有项目的开展。

3. 项目管理目标

项目管理目标是项目管理工作的具体化指标。每个项目任务本身就是一个目标。为了高效率地完成项目任务，管理者必须将项目任务分解成许多具体的指标。每个项目都有三个基本的管理目标：质量目标、成本目标、工期目标。项目管理目标必须协调一致，不能互相矛盾。

目标管理是以目标为导向，以人为中心，以成果为标准，而使组织和个人取得最佳业绩的现代管理方法；无论项目总目标，还是子目标，或是可执行目标，管理目标间有着紧密的内在联系，在执行过程中往往还容易冲突和矛盾，亦即相互影响和制约。例如，项目进度、费用、质量和安全就存相互影响的关系，控制其一，可能牵引其他。由于项目运作的唯一性，从项目启动的一刻起，项目目标的执行就会受到各方面因素的不断影响，执行侧重力度也必然会在多个目标间寻找平衡。所以，某种意义上，项目目标管理就是项目目标的动态控制过程。

二、网络综合布线项目施工方案与施工组织

1. 施工方案设计的依据

ISO/IEC11801 商业建筑物综合布线系统国际标准。

EIA/TIA568A 商业建筑物综合布线系统美国标准。

EIA/TIA569 通信布线管线和空间设计施工标准。

《建筑与建筑群综合布线工程设计规范》。

《建筑与建筑群综合布线工程施工及验收规范》。

ISO/IEC11801 和 EIA/TIA-568A 是开放式布线系统设计依据的两个重要标准。它对开放式布线系统的产品性能参数，系统设计方法和端接配件安装都做了明确规定。EIA/TIA569 是为了配合以上标准对开放式布线系统施工制定的标准。《建筑与建筑群综合布线工程设计规范》《建筑与建筑群综合布线工程施工及验收规范》是我国工程建设标准化委员会于 1997 年 5 月颁布的适合我国国情的新标准。

2. 施工设计要求

在开放式布线系统施工设计阶段就需要考虑在工程施工的全过程如何对工程质量做出有效的管理和监控的问题。为了保证工程质量，开放式布线系统施工设计应解决好以下几方面的问题：

① 施工设计：对建筑物结构做出详细勘测之后，同用户一起规划出管线施工图。施工设计的合理性对工程质量是至关重要的。

② 施工过程：施工过程的工艺水平与工程质量有直接的关系，通过细化安装操作的各个环节来保证对施工质量的控制。一般将整个施工过程分成三个环节，即管道安装，拉线安装和配件端接。

③ 施工管理：为工程实施制定有详尽的流程，以便于对工程施工的管理。施工流程控制要求达到两个目的：保证工艺质量和及时纠正出现的问题。

④ 质量控制：由用户和施工方项目经理组成质量监督小组，并编制质量控制日志。

3. 管道材料选择和施工要求

（1）水平子系统

水平子系统的走线管道由两部分构成：一部分是每层楼内放置水平传输介质的总线槽，另一部分是将传输介质引向各房间信息接口的分线管或线槽。从总线槽到分线槽或线管需要有过渡连接。

总线槽要求宽度与高度的比例为 3∶1，在线槽中放置的双绞线应不超过三层。在线槽中放置的双绞线密度过大会影响底层双绞线的传输性能。

水平线槽一般有多处转弯，在转弯处应留有足够大的空间以保证双绞线有充分的弯曲半径。根据EIA/TIA569标准，超5类4对非屏蔽双绞线的弯曲半径应不小于线径的8倍。最新的标准认为，弯曲半径大于线径的 4 倍已可以满足传输要求了。重要的一点是保持足够大的弯曲半径可以保证系统的传输性能。

在水平线槽的转弯处，应有垫衬以减小拉线时的摩擦力。水平子系统线槽或线管应采用镀锌铁槽或铁管。双绞线和光纤对安装有不同的要求，双绞线垂直放置于竖井之内，由于自身的重量

牵拉，日久之后会使双绞线的绞合发生一定程度的改变，这种改变对传输语音的三类线来说影响不是太大，但对需要传输高速数据的超5类线，这个问题是不能被忽略的，因此设计垂直竖井内的线槽时应仔细考虑双绞线的固定。双绞线的固定时的力的大小是应该受到重视的一种技巧，如果扎线太紧可能会降低NEXT值，从而影响线缆的传输性能。

线缆的敷设和保护方式检验。

线缆一般应按下列要求敷设：

① 线缆的型式、规格应与设计规定相符；

② 线缆的布放应自然平直，不得产生扭绞、打卷等现象，不应受外力的挤压和损伤；

③ 线缆两端应贴有标签，应标明编号，标签书写应清晰，端正和正确。标签应选用不易损坏的材料；

④ 线缆终接后，应有余量。交接间、设备间对线缆预留长度宜为0.5 ～ 1.0 m，工作区为10 ～ 30 mm；光缆布放宜盘留，预留长度宜为3 ～ 5 m，有特殊要求的应按设计要求预留长度。

线缆的弯曲半径应符合下列规定：

① 非屏蔽4对对绞线线缆的弯曲半径应至少为线缆外径的4倍；

② 屏蔽4对对绞线线缆的弯曲半径应至少为线缆外径的6 ～ 10倍；

③ 主干对绞线缆的弯曲半径应至少为线缆外径的10倍；

④ 光缆的弯曲半径应至少为光缆外径的15倍。

电源线、综合布线系统线缆应分隔布放，线缆间的最小净距应符合设计要求。

在暗管或线槽中线缆敷设完毕后，宜在信道两端出口处用填充材料进行封堵。

预埋线槽和暗管敷设线缆应符合下列规定：

① 敷设线槽的两端宜用标志表示出编号和长度等内容。

② 敷设暗管宜采用钢管或阻燃硬质PVC管。布放多层屏蔽线缆、扁平线缆和大对数主干光缆时，直线管道的管径利用率为50% ～ 60%，弯管道应为40% ～ 50%。暗管布放4对对绞线缆或4芯以下光缆时，管道的截面利用率应为25% ～ 30%。预埋线槽宜采用金属线槽，线槽的截面利用率不应超过50%。

设置线缆桥架和线槽敷设线缆应符合下列规定：

线缆线槽、桥架宜高出地面2.2 m以上。线槽和桥架顶部距楼板不宜小于30 mm；在过梁或其他障碍物处，不宜小于50 mm。

槽内线缆布放应顺直，尽量不交叉，在线缆进出线槽部位、转弯处应绑扎固定，其水平部分线缆可以不绑扎。垂直线槽布放线缆应每间隔1.5 m固定在线缆支架上。

线缆桥架内线缆垂直敷设时，在线缆的上端和每间隔1.5 m处应固定在桥架的支架上；水平敷设时，在线缆的首、尾、转弯及每间隔5 ～ 10 m处进行固定。

在水平、垂直桥架和垂直线槽中敷设线缆时，应对线缆进行绑扎。对绞线缆、光缆及其他信号线缆应根据线缆的类别、数量、缆径、线缆芯数分束绑扎。绑扎间距不宜大于1.5 m，间距应均匀，松紧适度。

楼内光缆宜在金属线槽中敷设，在桥架敷设时应在绑扎固定段加装垫套。

采用吊顶支撑柱作为线槽在顶棚内敷设线缆时，每根支撑柱所辖范围内的线缆可以不设置线槽进行布放，但应分束绑扎，线缆护套应阻燃，线缆选用应符合设计要求。

建筑群子系统采用架空、管道、直埋、墙壁及暗管敷设电、光缆的施工技术要求应按照本地网通信线路工程验收的相关规定执行。

网络地板线缆敷设保护要求如下：

① 线槽之间应沟通。

② 线槽盖板应可开启。

③ 主线槽的宽度由网络地板盖板的宽度而定，一般宜在 200 mm 左右，支线槽宽不宜小于 70 mm。

塑料线槽槽底固定点间距一般宜为 1 m。

铺设活动地板敷设线缆时，活动地板内净空应为 150 ～ 300 mm。

采用公用立柱作为顶棚支撑柱时，中间应有金属板隔开，间距应符合设计要求。立柱支撑点宜避开沟槽和线槽位置，支撑应牢固。

干线子系统线缆敷设保护方式应符合下列要求：

线缆不得布放在电梯或供水、供汽、供暖管道竖井中，亦不应布放在强电竖井中。

（2）主干子系统

主干子系统用于大楼之间的传输，一般采用多对数双绞线或多模光纤，光纤有极强的抗干扰能力，所以安装后不会发生如双绞线那样的问题，但光纤本身较为脆弱，强力牵拉或弯折会使纤芯折断，因此安装时应有有经验的工程师在现场指导。

光纤的架设可以采用架空、直埋、管道等方法，直埋时应在光纤经过的地方做警告标志，以防以后的施工破坏。

由于光纤的纤芯是石英玻璃的极易弄断，所以在施工时绝对不允许超过允许的最小弯曲半径。捆扎时至少为光纤外径的 10 倍；拉线时至少为光纤外径的 15 倍。其次，光纤的抗拉强度比铜缆小，因此在施工时，决不允许超过抗拉强度（46 N）。

光纤配线架分挂墙式、机架式两种，根据端接光纤数目可分为 24 口、48 口、72 口几种，配线架上有适配板，用来安装耦合器。

光纤进入配线架前要适当地捆扎，进入配线架之后要预留有一定备用线缆，以方便安装、维护。备用的线缆应盘在光纤配线架的卷轴上。

（3）管理区子系统

管理区子系统是工程施工中考虑最复杂的部分。这部分施工应充分考虑环境影响和端接工艺的影响。

电磁辐射是考虑管理区子系统安装环境的主要因素。电磁辐射的影响主要来自两个方面，一是环境对系统传输的影响，一是系统在信息传输过程中对环境设备的影响。在建筑物内，环境对系统传输的影响主要来自强电磁辐射源，如电台，建筑物内的电梯、电动机、UPS 电源等。如果环境中这些干扰源的影响较大，应考虑采取屏蔽措施，或选择距离较远的位置。

布线系统的端接工艺是直接影响系统性能的重要因素。连接配件的安装工艺主要影响布线系统的近端串扰和衰减，而这两个参数是判断系统性能的重要依据。在管理区子系统还要考虑环境的通风，照明，酸碱度，湿度等条件，这些因素将对端接配件造成腐蚀和老化，日久之后会影响系统的性能。管理区子系统内的安全性也要加以考虑，端接配件最好安装在布线机柜或墙柜内。

（4）工作区子系统

工作区子系统在施工时要考虑的因素较多，因为不同的房间环境要求不同的信息插座与其配合。在施工设计时，应尽可能考虑用户对室内布局的需要，同时又要考虑从信息插座连接到设备（如计算机，电话等）方便安全。

墙上安装型信息插座一般考虑嵌入式安装。在国内采用的是标准的86型墙盒，该墙盒为正方形，规格80 mm×80 mm，螺丝孔间距60 mm。信息盒与电源盒的间距应大于20 cm。

桌上型墙座应考虑和家具，办公桌协调，同时应考虑安装位置的安全性。信息盒与电源盒的间距应大于20 cm。

抬高式地板安装在预制的地板盒内，盒内可以安装信息插座和电源插座。

信息插座接头的端接安装必须由专业工程师完成。与管理区子系统的端接一样，它的安装工艺对系统的性能有直接的影响。

4. 施工过程要求

施工过程由三个方面完成：管道安装，拉线安装和配件端接。

① 管道安装：由具有电信部门二级通信工程安装资格的工程队完成，工艺质量满足国家电信部门有关的施工规范和EIA/TIA569标准。布线桥架的焊接，线槽的过渡连接满足国家电工标准中对强电安装的工艺和安全要求。

② 拉线安装：开放式布线系统对拉线施工的技能要求较其他布线高得多，这主要是由传输介质的特点决定的。在开放式布线系统中，采用的传输介质一般有两种类型，一类为双绞线，另一类为光纤，它们的材料构成和传输特征虽然不同，但在拉线时都要求轻拉轻放，不规范的施工操作有可能导致传输性能的降低，甚至线缆损伤。

在施工中经常可以看到下列情况：

a. 双绞线外包覆皮起皱或撕裂，这是由于拉力过大和线槽的转角，过渡连接不符合要求造成的。

b. 双绞线外包覆皮光滑，看不出问题，但用仪表测量时发现传输性能达不到要求，这是由于拉线时拉力过大，使双绞线的长度拉长，绞合拉直造成的。这种情况用于语音和10 Mbit/s以下的数据传输时，影响也许不太大，但用于高速数据传输时则会产生严重的问题。

c. 光纤没有光信号通过，这是由于拉线时操作不当，线缆严重弯折使纤芯断裂造成的。这种情况常见于光纤布线的弯折之处。

为了避免施工中出现上述问题，在ISO/IEC11801标准EIA/TIA569标准中规定：

双绞线（尤其是超5类双绞线）拉线时的拉力不能超过13磅（约20 kg）。光纤的拉力不能超过5磅（约8 kg）。

为了保证施工的质量，规定：

a. 拉线时每段线的长度不超过20 m，超过部分必须有人接送；

b. 在线路转弯处必须有人接送。

③ 配件端接：配件端接的工艺水平将直接影响布线系统的性能。施工时应严格把关，所有的端接操作都将由专业工程技术人员完成。

5. 施工工艺技术要求

① 严格按图纸施工，在保证系统功能质量的前提下，提高工艺标准要求，确保施工质量。

② 预埋（留）位置准确、无遗漏。

③ 管路两端设备处线缆应根据实际情况留有足够的冗余。线缆两端应按照图纸提供的线号用标签进行标识，根据线色来进行端子接线，并应在图纸上进行标识，作为施工资料进行存档。

④ 设备安装牢固、美观、预装设备、竖成列，墙装设备端正一致，资料整理正规完整无遗漏，各种现场变更手续齐全有效。

（1）线缆的敷设

在布线系统中，大多信号都是电流信号或数字信号，故对线缆的敷设工作应注意以下几点：

① 线缆敷设必须设专人指挥，在敷设前向全体施工人员交底，说明敷设线缆的根数，始末端的编号，工艺要求及安全注意事项。

② 敷设线缆前要准备标志牌，标明线缆的编号、型号、规格、图位号、起始地点。

③ 在敷设线缆之前，先检查所有槽、管是否已经完成并符合要求，路由与拟安装信息口的位置是否与设计相符，确定有无遗漏。

④ 检查预埋管是否畅通，管内带丝是否到位，若没有应先处理好。

⑤ 放线前对管路进行检查，穿线前应进行管路清扫、打磨管口。清除管内杂物及积水，有条件时应使用 0.25 MPa 压缩空气吹入滑石粉风保证穿线质量。所有金属线槽盖板、护边均应打磨，不留毛刺，以免划伤电缆。

⑥ 核对线缆的规格和型号。

⑦ 在管内穿线时，要避免电缆受到过度拉引，每米的拉力不能超过 7 kgf（1 kgf=9.8 N）以便保护线对绞距。

⑧ 布放线缆时，线缆不能放成死角或打结，以保证线缆的性能良好，水平线槽中敷设电缆时，电缆应顺直，尽量避免交叉。

⑨ 做好放线保护，不能伤保护套和踩踏线缆。

⑩ 对于有安装天花的区域，所有的水平线缆敷设工作必须在天花施工前完成；所有线缆不应外露。

⑪ 留线长度：楼层配线间、设备间端留长度（从线槽到地面再返上）铜缆 3 ～ 5 m，光缆 7 ～ 9 m，信息出口端预留长度 0.4 m。

⑫ 线缆敷设时，两端应做好标记，线缆标记要清楚，在一根线缆的两端必须有一致的标识，线标应清晰可读。标线号时要求以左手拿线头，线尾向右，以便于以后线号的确认。

⑬ 垂直线缆的布放：穿线宜自上而下进行，在放线时线缆要求平行摆放，不能相互绞缠、交叉，不得使线缆放成死弯或打结。

⑭ 光缆应尽量避免重物挤压。

⑮ 绑扎：施工穿线时作好临时绑扎，避免垂直拉紧后再绑扎，以减少重力下垂对线缆性能的影响。主干线穿完后进行整体绑扎，要求绑扎间距≤ 1.5 M。光缆应时行单独绑扎。绑扎时如有弯曲应满足不小于 10 cm 的变曲半径。

⑯ 安装在地下的线缆须有屏蔽铝箔片以隔离潮气。

⑰ 线缆在安装时要进行必要的检查，不可有损伤屏蔽层。

⑱ 安装线缆时要注意确保各线缆的温度要不高于 50 ℃。

⑲ 填写好放线记录表：记录中主干铜缆或光纤给定的编号应明确楼层号、序号。

⑳ 线缆敷设完毕后，两端必须留有足够的长度，各拐弯处、直线段应整理后得到指挥人员的确认符合设计要求方可掐断。

㉑ 线槽内线缆布放完毕后应盖好槽盖，满足防火、防潮、防鼠害之要求。

(2) 机柜（箱）内接线

① 按设计安装图进行机架、机柜安装，安装螺丝必须拧紧。

② 机架、机柜安装应与进线位置对准；安装时，应调整好水平、垂直度，偏差不应大于 3 mm。

③ 按供货商提供的安装图、设计布置图进行配线架安装。

④ 机架、机柜、配线架的金属基座都应做好接地连接。

⑤ 核对线缆编号无误。

⑥ 端接前，机柜内线缆应绑扎，绑扎要整齐美观。应留有 1 m 左右的移动余量。

⑦ 剥除线缆护套时应采用专用剥线器，不得剥伤绝缘层，线缆中间不得产生断接现象。

⑧ 端接前须准备好配线架端接表，线缆端接依照端接表进行。

⑨ 来自现场进入机柜（箱）内的线缆首先要进行校验编号。

⑩ 来自现场进入机柜（箱）内的线缆要进行固定。

⑪ 来自现场进入机柜（箱）内的线缆，应留有一定的余量。

⑫ 来自现场进入机柜（箱）内的线缆一般不容许有接头。

⑬ 来自现场进入机柜（箱）内的线缆尽量避免相互交叉。

⑭ 按图施工接线正确，连接牢固接触良好，配线整齐、美观、标牌清晰。

⑮ 选用同一区段的线缆跳线颜色要尽可能统一，便于安装调试和日常维护。

(3) 接地要求

① 桥架接地方法，应用不小于 2.5 mm^2 的铜塑线与主体钢筋接地。

② 各机柜、机箱接地电阻不大于 1Ω。

③ 机房设备采取两种独立的接地方式，工作接地的联合接地。工作接地电阻不大于 4 欧姆，联合接地电阻不大于 1Ω。

6. 施工管理和控制

施工管理要求达两个目的：

① 控制整个施工过程，确保每一道工序井井有条，工序与工序之间协调配合；

② 密切掌握每天的工程进展和质量，发现问题及时纠正。

为了实现上述目标，制定以下全面质量管理的措施：

① 实行施工责任人负责制。由施工组长负责监督，由管道，拉线和端接梯队的负责人组成质量控制小组，负责工程进度和工程质量。

② 进场退场签名。每个施工小组的人员在进场和退场时都需在考勤表上签名并写清时间，中间离开也不例外。

③ 填写施工日志。每个施工小组的小组长每天都要在日志表上如实填写每天的施工进展，梯队负责人填写质量检查情况。

④ 每层楼每道工序完成后，由质量控制小组成员一起进行检验，并填写施工过程质量检验表，由检验负责人签字。

只有通过严格的管理，才能做到工程质量可靠，端接配件工艺完善，线路排列整齐划一。

任务测评

姓名		学号	分值	自评	互评	师评
序号	观察点	评分标准				
1	学习态度	遵守纪律	2			
		学习积极性、主动性	3			
2	学习方法	明确任务	2			
		认真分析任务，明确需要做什么	3			
		按任务实施完成了任务	3			
		认真学习了相关知识	2			
3	技能掌握情况	工程基本认识	10			
		施工准备计划	10			
		施工组织	15			
		编制、修订施工方案技能	20			
4	知识掌握情况	项目管理知识	10			
		施工方案要求	10			
5	职业素养	团队关系融洽	3			
		协商、讨论并解决问题	2			
		互相帮助学习	2			
		做好 5S（整理、整顿、清理、清洁、自律）	3			

任务二　网络综合布线工程施工准备

任务描述

布线工程的施工准备阶段是完成构建网络系统的重要环节。施工是将设计构想变为现实的过程，施工准备是完成工程施工的基础，这一阶段工作质量的好坏直接决定整个施工的质量及进度，本任务是完成网络综合布线模型工程施工准备。

任务分析

网络综合布线模型工程施工仅涉及少量线槽布线和一个机柜内链路链接，施工前准备工作相对简单，其主要工作是根据施工图纸和设计方案，结合具体情况将布线的理论和相关的规定相结合，做到“因地制宜”，做好各项施工前准备工作。具体施工准备的任务是：熟悉施工环境；编制、修订施工方案；材料准备；施工工具准备。

一、熟悉施工环境

1. 熟悉施工图纸

网络综合布线模型施工工程图纸主要包括：网络综合布线系统平面图、网络综合布线系统结构图、信息点分布图、水平子系统线路路由图、管理间子系统机柜安装大样图。以上各图见项目四相关内容。

2. 熟悉施工环境

本模型工程施工环境比较简单，现场环境是一块 3 m × 3 m 的空场地 和一个 24 U 的标准机柜，如图 5-1 所示。

图 5-1　网络综合布线模型工程施工环境

二、材料准备

1. 准备材料

需要准备的材料：86 型明装底盒、信息模块插座、PVC 线槽、6 U 机柜、水晶头、Cat5e UTP 双缆线，规格及数量。

2. 检测材料

对材料进行检测，保证选用的材料质量合格，符合规范要求。

三、施工工具准备

根据网络综合布线模型工程施工需要，需要准备不同类型和不同品种的施工工具，主要包括：

① 线槽施工工具（电钻、钢锯、电工工具箱、线槽剪刀等）；

② 线缆敷设与端接工具（线缆标识工具、网线钳、剥线刀、打线工具等）；

③ 线缆测试工具（唯众网络测试实训仪、唯众铜缆测试仪 / 唯众光缆测试仪）。

网络综合布线工程施工准备

1. 建立施工环境

和谐的内外部施工环境，特别是和谐的内外部人员关系是保证工程又好又快完成的基础，因此在工程展开前理顺施工过程中所需涉及的内、外部人员关系对于整个工程的完成有着至关重要的意义。为了做到这一点，在施工前需要注意下面三点：

① 确定以项目管理为单位的施工队伍，任何一项工程的完成都是以施工队伍的工作为核心，好的队伍必然做出好的工程。

② 根据具体工程的实际情况，制定相关的管理规定，以此来充分调动施工人员的工作积极性。

③ 在不违反相关法律法规的前提下，尽可能多地与施工相关的外部人员进行交流，交换意见，尽快建立起一种和谐的合作关系，以利于施工的展开。

2. 熟悉施工图纸

施工文件和图纸是工程设计结果，是工程施工的灵魂。熟悉施工图纸是每个施工单位在施工前的必修课。施工单位应通过详细阅读施工文件和图纸，了解设计内容、把握设计意图，明确工程所采用的设备及材料，明确图纸所提出的施工要求，熟悉尽可能多的与工程有关的技术资料。特别需要强调的是由于施工过程可能会受到很多不确定因素的影响，在施工过程中，难免会出现根据实际情况对工程设计文件和施工图纸进行调整的情况，施工方的调整意见的提出必须是在明确把握设计意图的基础之上，只有这样才能尽可能避免在某些工程实践中出现因调整意见而扯皮。导致影响工程进度的情况出现。

施工单位应详细阅读工程设计文件和施工图纸，了解设计内容及设计意图，明确工程所采用的设备和材料，明确图纸所提出的施工要求，熟悉和工程有关的其他技术资料，如施工及验收规范、技术规程、质量检验评定标准以及制造厂提供的资料（包括安装使用说明书、产品合格证和测试记录数据等）。熟悉掌握和全面了解设计文件和图纸应做到：

① 详细阅读工程设计文件和施工图纸，对其中主要内容，如设计说明、施工图纸和工程概算等部分，相互对照、认真核对。

② 会同设计单位，现场核对施工图纸进行安装施工技术交底。设计单位有责任向施工单位对设计文件和施工图纸的主要设计意图和各种因素考虑进行介绍。

3. 编制、修订施工方案

在全面熟悉施工图纸的基础上，依据图纸并根据施工现场情况、技术力量及技术装备情况、设备材料供应情况，做出合理的施工方案。施工方案的内容主要包括施工组织和施工进度，施工方案要做到人员组织合理，施工安排有序，工程管理有方，同时要明确综合布线工程和主体工程以及其他安装工程的交叉配合，确保在施工过程中不破坏建筑物的强度，不破坏建筑物的外观，不与其他工程发生位置冲突，以保证工程的整体质量。

编制原则：坚持统一计划的原则，认真做好综合平衡，切合实际，留有余地，遵循施工工序，注意施工的连续性和均衡性。

编制依据：工程合同的要求，施工图、概预算和施工组织计划，企业的人力和资金等保证条件。

施工组织机构编制：计划安排主要采用分工序施工作业法，根据施工情况分阶段进行，合理安排交叉作业以提高工效。

编制安装施工进度顺序和施工组织计划：要求安装施工计划必须详细、具体、严密和有序，便于监督实施和科学管理；制定施工进度表（要留有适当的余地，施工过程中意想不到的事情，随时可能发生，并要求立即协调）。

合理的施工方案具有以下特点：

① 统筹规划、合理布局、在坚持施工工序的基础上，合理协调人员和设备的组合，争取获得二者结合的最大化效益。

② 根据工程合同的要求，建立合理的施工组织机构，充分利用内外部各种资源，协调组织施工管理。

③ 发挥统筹学在工程指挥中的优势，合理施工，尽可能提高工效。

4. 现场环境准备

综合布线施工前的工作现场环境勘察、准备工作是顺利完成布线工程的重要一环。勘察、准备工作的细致程度直接影响着整个工程施工的进度及工程质量，因此对于工程现场环境准备这项工作必须给予足够的重视。

工程现场环境准备主要包括以下几部分：

① 土建工程条件检查；

② 施工图纸核查；

③ 修正规划；

④ 检查设备间、配线间；

⑤ 检查管路系统。

5. 临时场地和设施

为了加强管理，大中型工程要在施工现场布置一些临时场地和设施，如管槽加工制作场、仓库、现场办公室和现场供电供水等。

管槽加工制作场：在管槽施工阶段，根据布线路由实际情况，对管槽材料进行现场切割和加工。

仓库：对于规模稍大的综合布线工程，设备材料都有一个采购周期，同时，每天使用的施工材料和施工工具不可能存放到公司仓库，因此必须在现场设置一个临时仓库存放施工工具、管槽、线缆及其他材料。

现场办公室：现场施工的指挥场所，配备照明、电话和计算机等办公设备。

6. 施工工具准备

在完成了现场环境检查之后就应该开始进行工具准备并完成器材检查。

(1) 工具准备

网络工程需要准备多种不同类型和不同品种的施工工具。包括：

① 室外沟槽施工工具：铁锹、十字镐、电镐和电动蛤蟆夯等。

② 线槽、线管和桥架施工工具：电钻、充电手钻、电锤、台钻、钳工台、型材切割机、手提电焊机、曲线锯、钢锯、角磨机、钢钎、铝合金人字梯、安全带、安全帽、电工工具箱（老虎钳、尖嘴钳、斜口钳、一字螺丝刀、十字螺丝刀、测电笔、电工刀、裁纸刀、剪刀、活扳手、呆扳手、卷尺、铁锤、钢锉、电工皮带和手套）等。

③ 线缆敷设工具：包括线缆牵引工具和线缆标识工具。线缆牵引工具有牵引绳索、牵引缆套、拉线转环、滑车轮、防磨装置和电动牵引绞车等；线缆标识工具有手持线缆标识机和热转移式标签打印机等。

④ 线缆端接工具：包括双绞线端接工具和光纤端接工具。双绞线端接工具有剥线钳、压线钳、打线工具；光纤端接工具有光纤冷接工具和光纤熔接机等。

⑤线缆测试工具：简单铜缆线序测试仪、唯众网络实训仪、唯众光缆实训仪等。

（2）设备、器材、仪表和工具的检验

① 设备和器材检验的一般要求：

a. 安装施工前，进行对设备的详细清点和抽样测试。

b. 工程中所需主要器材的型号、规格、程式和数量都应符合设计规定要求。

c. 缆线和主要器材数量必须满足连续施工的要求。

d. 经清点、检验和抽样测试的主要器材应做好记录。

② 设备和器材的具体检验要求：

a. 缆线的检验要求

b. 配线接续设备的检验要求

c. 接插部件的检验要求

d. 型材、管材和铁件的检验要求

③ 仪表和工具的检测：

a. 测试仪表的检验和要求：测试仪表应能测试 3 类、4 类、5 类双绞线对称电缆的各种电气性能，它是按 TIA/EIA/TSB67 中规定的二级精度要求考虑，注意搬运过程中精密仪器的安全。

b. 施工工具的检验：在工具的准备过程中应考虑周到，每种情况都可能发生，使用到的工具很多，这里就不一一列举。

任务测评

姓名		学号		分值	自评	互评	师评
序号	观察点	评分标准					
1	学习态度	遵守纪律		2			
		学习积极性、主动性		3			
2	学习方法	明确任务		2			
		认真分析任务，明确需要做什么		3			
		按任务实施完成了任务		3			
		认真学习了相关知识		2			
3	技能掌握情况	熟悉施工环境技能		10			
		施工工具准备技能		20			
		施工材料准备技能		15			
		施工材料检验技能		10			
4	知识掌握情况	施工环境知识		10			
		施工材料检验知识		10			
5	职业素养	团队关系融洽		3			
		协商、讨论并解决问题		2			
		互相帮助学习		2			
		做好 5S（整理、整顿、清理、清洁、自律）		3			

任务三 网络综合布线模型工程施工

任务描述

根据项目四任务二网络综合布线模型系统设计，进行网络综合布线模型工程施工，完成网络综合布线模型工程布线。

任务分析

布线工程的施工是完成构建网络系统的关键环节，布线工程施工直接关系布线系统工程质量甚至成败，网络综合布线工程是一个综合复杂的实践工程，需要较大的人力、物力支持。网络综合布线模型工程是一个简单的模型系统，它的施工主要包括：线槽、底盒安装；布线；链路端接；机柜安装，本任务是通过这四个步骤来完成网络综合布线模型工程的。

任务实施

一、线槽、底盒安装

1. 确定信息点

根据现场环境、信息点平面图确定信息点位置并标示，如图 5-2 所示。

图 5-2 标示信息点位置

2. 标示线路路由

根据信息点位置与机柜位置标示出线路路由，如图 5-3 所示。

3. PVC 线槽成型制作

按照现场线路长度，使用项目三中 PVC 管槽成型制作技术，制作 PVC 线槽，如图 5-4 所示。

图 5-3　标示线路路由

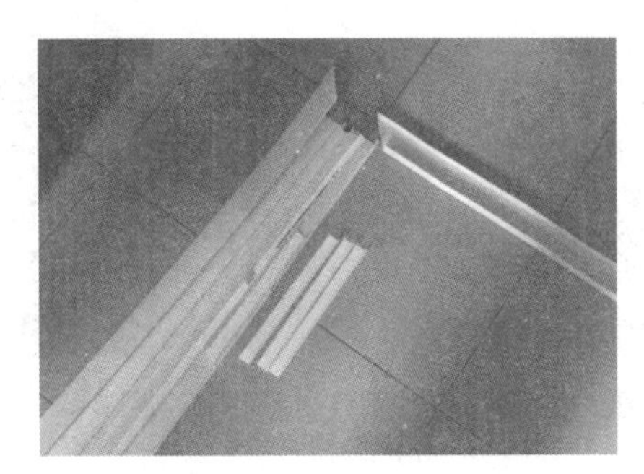

图 5-4　PVC 成型线槽

4. 固定 PVC 线槽

在每段线槽两端及大致相间 1 m 处确定固定点，使用电钻钻孔并塞入塑料膨胀栓，使用螺钉即可固定线槽，这里为避免破坏地面，仅固定两处示意，如图 5-5 所示，其他处的固定使用双面粘胶把线槽粘在地面上，如图 5-6 所示。

图 5-5　线槽螺钉固定示意

图 5-6　线槽粘贴固定示意

5. 底盒安装

为了防止破坏地面，这里底盒安装是使用双面粘胶把底盒粘贴在地面上，如图 5-7 所示。

图 5-7　底盒粘贴固定示意

二、布线

线缆敷设从信息点开始，信息点处预留 15 ～ 20 cm 线缆，如图 5-8 所示，然后沿线槽放线，放线至机柜内配线架处，配线架处线缆预留 1 m 左右，如图 5-9 所示，并把线缆在线槽内理顺铺好，如图 5-10 所示。

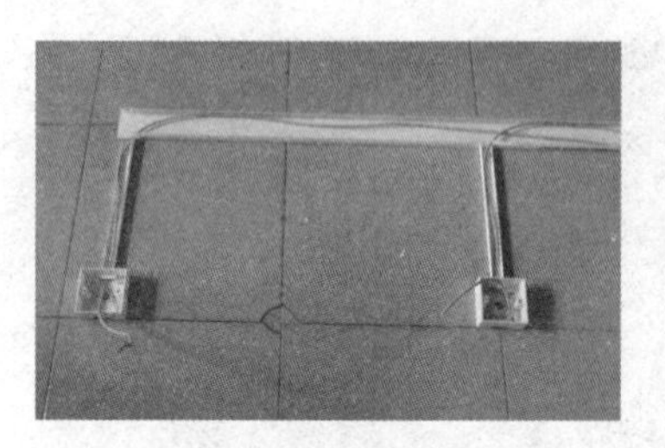

图 5-8　信息点预留线缆

图 5-9　配线架处预留线缆

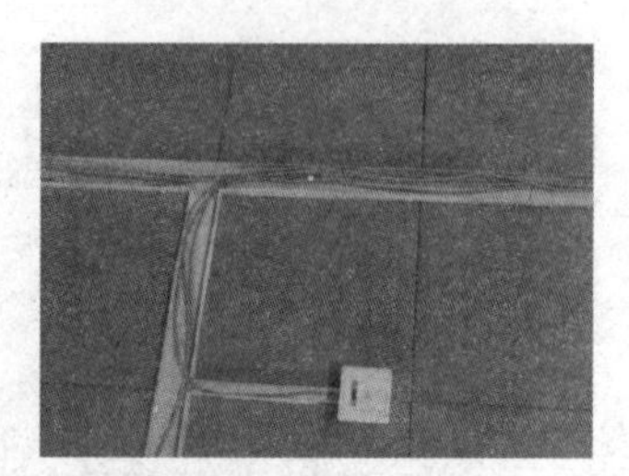

图 5-10　线缆敷设

三、链路端接

1. 制作跳线

跳线制作技术见项目三中制作网络跳线，需要制作的跳线有：

① 工作区跳线：信息点至计算机，9 根，3 m / 根。

② 管理间跳线：配线架（端口 4 ~ 12）至机柜内上部 3 个交换机端口（模拟管理间），9 根，1 m / 根。

③ 设备间跳线:配线架（端口 1 ~ 3）至机柜内下部交换机端口（模拟设备间）,3 根,1 m / 根。

2. 信息模块端接

信息模块端接技术见项目三中信息模块端接，按照信息模块端接方法，把信息模块接好，如图 5-11 所示。

3. 配线架端接

配线架端接技术见项目三中配线架连接，模型中配线架连接分为两部分：水平子系统端接和垂直子系统端接。

水平子系统端接：指信息点至配线架（4 ~ 12 口）端接。

垂直子系统端接：指模拟管理间的三个交换机外接口到配线架（1 ~ 3 口）端接。

配线架端接如图 5-12 所示。

图 5-11　安装好的信息插座

图 5-12　配线架端接

四、机柜安装

把机柜放置确定的位置，按机柜安装大样图，安装机柜如图 5-13 所示。

根据项目四任务二表 4-7 管理间配线端口对应表、表 4-10 设备间配线端口对应表分析出机柜内设备模拟分配如图 5-14 所示。按图 5-15 端口分配示意连接跳线并整理、绑扎好跳线,如图 5-15 所示。

图 5-13　安装机柜

图 5-14　机柜内设备模拟分配

图 5-15　机柜跳线连接图

相关知识

一、网络综合布线工程施工注意事项

施工注意事项如下。

施工过程中要注意的事项有：施工规范、施工进度、质量管理及措施。

（1）施工规范

严格按照综合布线系统施工规范要求施工。

（2）施工进度

严格控制施工进度，保证施工周期。

（3）质量管理及措施

根据工程特点推行全面质量管理制度，拟定各项要做的管理计划并付诸实施，在施工各阶段做到有组织、有制度、有各种数据，把工程质量提高到一个新的水平。

① 质量保证措施：

a. 加强内部管理，实行质量责任制，建立网络综合布线工程师为指导，项目经理负责的质量检查体制。

b. 项目经理组织专业组长做开工技术准备，各专业技术组按照设计方案，施工图纸、施工规程和本工程具体情况，编制分项分部工程实施步骤，向班组人员进行任务交底。

c. 严格按图施工，严格遵守工艺操作规程。

d. 各班组应保证各工序质量，各班组长必须对负责的专业工序进行现场监督检查。

e. 工程所用材料设备必须达到合格质量标准，且具有合格证书或材质证书，不合格的材料、设备不得发送施工现场。

f. 施工中所使用的计量工具必须是经过认可的器具，计量必须精确，仪器灵敏，以确保质量要求。

g. 现场施工人员必须虚心接受甲方及各级质检人员的检查监督，出现质量问题时必须及时上报并提出整改措施，进行层层落实。

② 安全文明施工措施：

a. 建立以项目经理为组长，各专业组长参加的现场管理小组，负责现场管理、监督和协调工作。

b. 由各专业组长进行施工前现场调查，结合现场情况制定安全措施，明确施工中的注意事项。

c. 现场领导小组定期进行安全及文明施工检查，发现问题及时纠正。

d. 现场作业人员应配备有效的劳动保护装备，保证施工环境的照明和通信条件。

e. 做到文明施工，采取必要的防盗防撬措施，争做文明施工队伍。

③ 节约措施：

a. 精确核算施工材料，实行限额领料，搞好计划，减少材料损失。

b. 搞好机具设备的使用、维护，加强设备停滞时间和机具故障率管理，合理安排进场人员，加强劳动纪律，提高工作效率。

c. 搞好已完工程的管理和保护，避免因保护不当损坏已完成的工程，造成重复施工。

d. 抓紧完工工程的检查及工程资料的收集、整理，工图的绘制，抓紧工程收尾，减少管理费用支出。

e. 加强仪器工具的使用管理，按作业班组落实专人负责，以免造成丢失、损坏而影响施工。

（4）甲方需配合事项

① 提供一间配备电源的办公室，作为施工现场值班和办公使用。

② 提供一间空房间，作为施工材料及工具库房。

③ 办理施工人员进场手续；在施工前两天，清理各布线位置的物品，以不妨碍施工为准，保管好重要物品及资料；在施工期间各房间留存钥匙，以便配合施工人员出入方便。

④ 提供注意事项，提供布线路由的出入位置，如吊顶、地槽等。

⑤ 提供其他重要线路的具体位置，以避免施工中触碰这些线路。

⑥ 本着共同搞好布线工程的目的，积极配合施工人员使工程顺利进行。

（5）综合布线施工规范

① ORTRONICSSCS 综合布线系统施工规范；

② 中国建筑电气设计规范；

③ 工业企业通信设计规范；

④ 中国工程建设标准化协会标准；

⑤ 结构化布线系统设计总则；

⑥ 电话线路工程施工及验收技术规范。

二、网络综合布线工程施工安全

在施工过程中应该遵循以下安全要点：

穿着合适的工装；在计划工作时谨记安全；确保工作区域的安全性；确保电力线的位置正确；使用合适的工具。

1. 穿着合适的工装

穿着合适的工装可以保证工作中的安全，一般情况下，工装裤、衬衫和夹克就够用了。除了这些服装之外，在某些操作中还需要下面一些配件：

① 安全眼镜；

② 安全帽；

③ 手套；

④ 其他劳保用品。

2. 计划工作时谨记安全

如果计划工作的时候发现有关的工作区域存在安全问题，可以请监督工程的人员来一起查看解决。

3. 保证工作区域的安全

确保在工作区域的每个人的安全，一旦工程确定，在整个布线施工区域要设置安全带和安全标记，妥善安排管理各种施工工具。

三、施工结束注意事项

在工程施工结束时，应注意做好以下工作。

① 清理现场，保持现场清洁、美观。

② 对墙洞、竖井等交接处要进行修补。

③ 各种剩余材料汇总，并把剩余材料集中放置一处，登记其还可使用的数量。

④ 作总结材料。

总结材料主要有：开工报告；布线工程图；施工过程报告；测试报告；使用报告；工程验收所需的验收报告。

四、塑料线槽配线安装施工工艺

1. 塑料线槽配线安装施工工艺

塑料线槽配线安装施工工艺流程为：

弹线定位 → 线槽固定 → 线槽连接 → 槽内放线 → 线缆连接 → 线路检查绝缘摇测

（1）弹线定位

弹线定位应符合以下规定：

① 线槽配线在穿过楼板或墙壁时，应用保护管，而且穿楼板处必须用钢管保护，其保护高度距地面不应低于 1.8 m。

② 过变形缝时应做补偿处理。

弹线定位方法：

按设计图确定进户线、盘、箱等电气器具固定点的位置、从始端至终端（先干线后支线）找好水平或垂直线，用粉线袋在线路中心弹线槛，弹线时不应弄脏建筑物表面。

（2）线槽固定

① 木砖固定线槽。

本砖可配合土建结构施工预埋木砖或砖墙剔洞后再埋木砖：梯形木砖较大的一面应朝洞里，外表面与建筑物的表面平齐；然后用水泥砂浆抹平，待凝固后，再把线槽底板用木螺钉固定在木砖上。

② 塑料胀管固定线槽。

混凝土墙、砖墙可采用塑料胀管固定塑料线槽。根据胀管直径和长度选择钻头。在标出的固定点位置上钻孔，不应歪斜、豁口，应垂直钻好孔后，将孔内残存的杂物清净，用木槌把塑料胀管垂直敲入孔中，并与建筑物表面平齐为准，再用石膏将缝隙填实抹平。用半圆头木螺钉加垫圈将线槽底板固定在塑料胀管上，紧贴建筑物表面。固定时应先固定两端，再固定中间，做到横平竖直。

③ 伞形螺栓固定线槽。

在石膏板墙或其他护板墙上，可用伞形螺栓固定塑料线槽，根据弹线定位的标记，找出固定点位置，把线槽的底板横平竖直地紧贴建筑物的表面，钻好孔后将伞形螺栓的两个叶掐紧合拢插入孔中，待合拢伞叶自行张开后，再用螺母紧固即可，露出线槽内的部分应加套塑料管固定线槽时，应先固定两端再固定中间。

（3）线槽连接

线槽及附件连接处应严密平整，无缝隙，紧贴建筑物固定点最大间距为 3 ～ 5 mm。

（4）槽底和槽盖直线段对接

槽底固定点的间距应不小于 500 mm，盖板应不小于 300 mm，底板离终点 50 mm 及盖板距离终端点 30 mm 处均应固定。三线槽的槽底应用双钉固定。槽底对接缝与槽盖对接缝应错开并不小于 100 mm。

线槽分支接头，线槽附件如直通，三通转角，接头，插口，盒，箱应采用相同材质的定型产品。槽底、槽盖与各种附件相对接时，接缝处应严实平整，固定牢固。

（5）线槽附件安装要求

① 盒子均应两点固定，各种附件角、转角，三通等固定点不应少于两点（卡装式除外）。

② 接线盒，应采用相应插口连接。

③ 线槽的终端应采用终端头封堵。

④ 线路分支接头处应采用相应接线箱。

⑤ 安装铝合金装饰板时，应牢固平整严实。

（6）槽内放线

放线时，先用布清除槽内的污物，保证线槽内外清洁。

放线时。先将线缆放开伸直，捋顺后盘成大圈，置于放线架上，从始端到终端（先干线后支线）边放边整理，线缆应顺直，不得有挤压、背扣、扭结和受损等现象。绑扎线缆时应采用尼龙绑扎带，不允许采用金属丝进行绑扎。在接线盒处的线缆预留长度不应超过 150 mm。线槽内不允许出现接头，线缆接头应放在接线盒内；从室外引进室内的线缆在进入墙内一段用橡胶绝缘线缆，严禁使用塑料绝缘线缆。同时，穿墙保护管的外侧应有防水措施。

2. 质量标准

槽板敷设应符合以下规定：槽板紧贴建筑物的表面，布置合理，固定可靠，横平竖直。直线段的盖板接口与底板接口应错开，其间距不小于 100 mm。盖板无扭曲和翘角变形现象，接口严密整齐，槽板表面色泽均匀无污染。

槽板线路的保护应符合以下规定：线路穿过梁、柱、墙和楼板有保护管，跨越建筑物变形缝处槽板断开，线缆加套保护软管并留有适当余量，保护软管应放在槽板内。线路与电气器具、塑料圆台连接平密，线缆无裸露现象，固定牢固。

线缆的连接应符合以下规定：连接牢固，包扎严密，绝缘良好，不伤线芯，槽板内无接头，接头放在器具或接线盒内。

3. 应注意的质量问题

① 线槽内有灰尘和杂物，放线前应先将线槽内的灰尘和杂物清净。

② 线槽底板松动和有翘边现象，胀管或木砖固定不牢、螺钉未拧紧；槽板本身的质量有问题，固定底板时，应先将木砖或胀管固定牢，再将固定螺钉拧紧。线槽应选用合格产品。

③ 线槽盖板接口不严，缝隙过大并有错口。操作时应仔细地将盖板接口对好，避免有错口。

④ 线槽内的线缆放置杂乱，配线时，应将线缆理顺，绑扎成束。

⑤ 线槽内线缆截面和根数超出线槽的允许规定。应按要求配线。

⑥ 安装塑料线槽配线时，应注意保持墙面整洁。

⑦ 接、焊、包完成后，盒盖、槽盖应全部盖严实平整，不允许有线缆外露现象。

任务测评

姓名		学号		分值	自评	互评	师评
序号	观察点	评分标准					
1	学习态度	遵守纪律		2			
		学习积极性、主动性		3			
2	学习方法	明确任务		2			
		认真分析任务，明确需要做什么		3			
		按任务实施完成了任务		3			
		认真学习了相关知识		2			
3	技能掌握情况	线槽、底盒安装技能		10			
		布线技能		10			
		链路端接技能		10			
		机柜安装、连线技能		15			
4	知识掌握情况	施工注意事项		10			
		施工安全知识		10			
		塑料线槽配线安装施工工艺		10			
5	职业素养	团队关系融洽		3			
		协商、讨论并解决问题		2			
		互相帮助学习		2			
		做好 5S（整理、整顿、清理、清洁、自律）		3			

项目总结

本项目介绍了网络综合布线前需要熟悉施工环境，编制、修订施工方案，准备施工材料及工具及网络综合布线的步骤、方法。通过相关知识介绍了网络综合布线项目施工方案，施工过程中需要注意的事项、施工安全及塑料线槽配线安装施工工艺。

自我测评

一、填空题

1. 网络综合布线工程施工准备工作主要有：__________。
2. 施工图纸包括：__________。
3. 合理的施工方案特点有__________、__________和__________。
4. 线槽固定方法有__________。
5. __________和__________是开放式布线系统设计依据的两个重要标准。

二、选择题

6. 水平子系统进入机柜预留长度一般为（　　）左右。
   A. 30 cm　　B. 50 cm　　C. 1 m　　D. 2 m
7. 线槽安装时首先需要做的工作是（　　）。
   A. 弹线定位　　B. 连接线槽　　C. 固定线槽　　D. 线槽铺线
8. 进行施工工地必须戴（　　）。
   A. 安全眼镜　　B. 安全帽　　C. 手套　　D. 护套
9. 下列不是施工过程的是（　　）。
   A. 配件端接　　B. 施工管理　　C. 管道安装　　D. 线缆安装
10. 工程施工完成后不需要做的工作是（　　）。
   A. 总结文档　　B. 现场清理　　C. 清理剩余材料　　D. 检验工具

三、思考题

11. 综合布线施工前要做哪些准备工作？
12. 简述 EIA/TIA 568B 跳线的制作步骤。
13. 简述信息插座端接的步骤。
14. 简述设备间施工的要点
15. 简述施工过程中要注意的事项。

项目六

网络综合布线模型工程测试验收

学习目标

知识目标

- 掌握常见的测试工具的使用方法。
- 熟悉综合布线链路测试。
- 掌握双绞线认证测试。
- 熟悉光纤链路的测试方法
- 熟悉综合布线系统验收内容和方法。
- 掌握综合布线系统验收分类及相关技术规范。
- 了解综合布线系统工程文档。

能力目标

- 能够编制网络综合布线工程测试方案。
- 能够完成网络综合布线工程测试。
- 能够编制综合布线系统工程验收方案。
- 能够完成综合布线系统工程验收。

网络综合布线工程测试与验收是保证网络综合布线工程质量两个重要的环节，实践证明，有70%的计算机网络故障是由于综合布线系统质量问题引起的。工程测试的目的是保证工程质量和进度，为工程的顺利验收做好准备，要保证综合布线工程的质量，必须在整个工程中进行严格的测试。工程验收是检验综合布线系统工程质量的重要形式，只有经过严格的验收才能保证综合布线的工程质量，不至于埋下质量隐患。

进行网络综合布线模型工程测试、验收。需要熟悉综合布线工程测试的标准和测试类型，熟悉工程验收的标准、依据和原则；完成综合布线系统的电缆传输通道测试，掌握工程验收和方法、内容和程序；并且在实际工程验收中能够进行竣工资料的编写与交接。

任务一 网络综合布线模型工程测试

任务描述

要提高综合布线工程的质量，首先需要有一支素质高，经过专门训练、实践经验丰富的施工队伍来完成施工，更需要一套科学有效的测试方法来监督保障工程的施工质量。本任务是继续网络综合布线模型工程，完成网络综合布线模型工程测试。

任务分析

工程测试的主要内容就是检查工程施工是否达到了工程设计的预期目标，网络线路的传输能力是否符合标准。网络综合布线模型工程测试内容包括：编制工程测试方案；接线图、链路长度及连通性测试（基本测试）；双绞线性能测试；测试结果记录。

任务实施

一、编制测试方案

1. 测试标准

测试标准包括：

（1）北美标准

① EIA/TIA 568A TSB—1967。

② EIA/TIA 568A TSB—1995。

③ EIA/TIA 568A-5—2000。

④ EIA/TIA 568B-5—2000。

（2）国家标准

我国目前使用的最新国家标准为《综合布线系统工程验收规范》（GBT/T 50312—2016），该标准包括了目前使用最广泛的5类电缆、5e类电缆、6类电缆和光缆的测试方法。

网络综合布线模型工程为一个简单工程，其测试主要是基本链路测试，所以主要使用目前国内普遍使用的ANSI-TIA-EIA-568-B标准测试。

2. 测试模型

（1）测试类型

① 验证测试。指在施工的过程中由施工人员或测试人员边施工边测试，即随工测试，以保证所完成的每一个连接的正确性。

② 认证测试。指对布线系统依照标准进行逐项检测，以确定布线是否达到设计要求，包括连接性能测试和电气性能测试。认证测试包括自我认证和第三方认证。

a. 自我认证

自我测试由施工方自行组织，按照设计施工方案对工程所有链路进行测试，确保每一条链路都符合标准要求。

b. 第三方认证

委托第三方对系统进行验收测试，以确保布线施工的质量。

第三方认证测试可采用两种做法。

对工程要求高，使用器材类别多，投资较大的工程，建设方邀请第三方对工程做全面验收测试。

建设方请第三方对综合布线系统链路做抽样测试。按工程大小确定抽样样本数量，一般 1 000 个信息点以上的抽样 30%，1 000 个信息点以下的抽样 50%。

网络综合布线模型工程仅进行自我测试。

（2）认证测试模型

① 基本链路模型。基本链路包括三部分：最长为 90 m 的在建筑物中固定的水平布线电缆、水平电缆两端的接插件（一端为工作区信息插座，另一端为楼层配线架）和两条与现场测试仪相连的 2 m 测试设备跳线。

基本链路模型如图 6-1 所示，图中 F 是信息插座至配线架之间的电缆，G、E 是测试设备跳线。F 是综合布线系统施工承包商负责安装的，链路质量由其负责，所以基本链路又称为承包商链路。

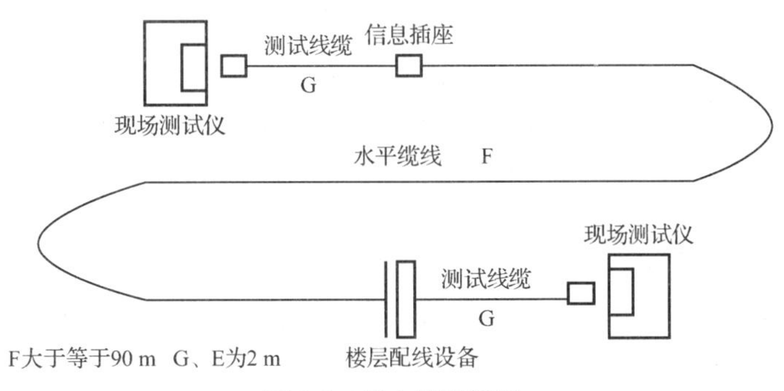

图 6-1 基本链路模型

② 永久链路模型。永久链路又称固定链路，国际标准化组织 ISO/IEC 所制定的 5e 类、6 类标准草案及 TIA/EIA568B 新的测试定义中，定义了永久链路模型，它将代替基本链路模型。永久链路方式供工程安装人员和用户用以测量安装的固定链路性能。

永久链路由最长为 90 m 的水平电缆、水平电缆两端的接插件（一端为工作区信息插座，另一端为楼层配线架）和链路可选的转接连接器组成，与基本链路不同的是，永久链路不包括两端 2 m 测试电缆，电缆总长度为 90 m；而基本链路包括两端的 2 m 测试电缆，电缆总计长度为 94 m。永久链路模型如图 6-2 所示。H 是从信息插座至楼层配线设备（包括集合点）的水平电缆，H 的最大长度为 90 m。

③ 信道模型。信道是指从网络设备跳线到工作区跳线的端到端的连接，包括最长 90 m 的水平线缆、水平电缆两端的接插件（一端为工作区信息插座，另一端为配线架）、一个靠近工作区的可选的附属转接连接器，最长 10 m 的在楼层配线架和用户终端的连接跳线，信道最长为 100 m。信道模型如图 6-3 所示。其中，A 是用户端连接跳线，B 是转接电缆，C 是水平电缆，D 是最大 2 m 的跳线，E 是配线架到网络设备的连接跳线，B 和 C 总计最大长度为 90 m，A、D 和 E 总计最大长度为 10 m。

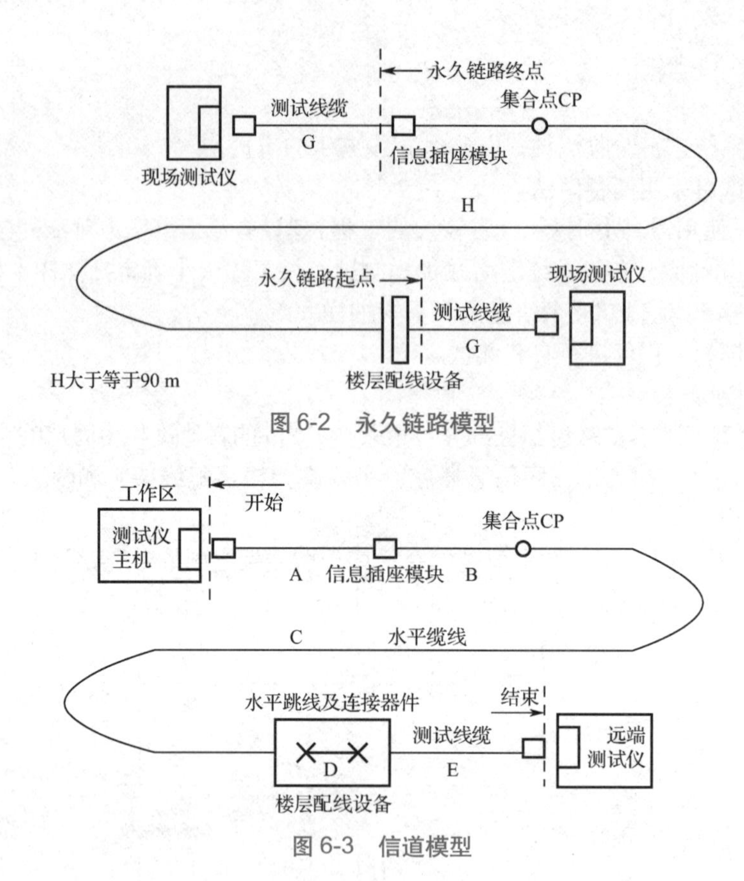

图 6-2 永久链路模型

图 6-3 信道模型

信道测试的是网络设备到计算机间端到端的整体性能，是用户所关心的，所以信道也被称为用户链路。

综合分析，为了保证缆线的测试精度，网络综合布线模型工程采用永久链路测试。

3. 测试设备

(1) “能手”多功能网络电缆测试仪

“能手”ST-468 多功能网络电缆测试仪如图 6-4 所示。

(2) Fluke DTX 系列电缆认证分析仪

福禄克网络公司推出的 DTX 系列电缆认证分析仪全面支持国标 GB 50312。Fluke DTX 系列中文数字式线缆认证分析仪有 DTX-LT AP［标准型（350 Mbit/s 带宽）］、DTX-1200 AP［增强型（350 M 带宽）］、DTX-1800 AP［超强型（900 Mbit/s 带宽），7 类］等几种类型可供选择。图 6-5 所示为 Fluke DTX-1800 AP 电缆认证分析仪。这种测试仪可以进行基本的连通性测试，也可以进行比较复杂的电缆性能测试，能够完成指定频率范围内衰减、近端串扰等各种参数的测试，从而确定其是否能够支持高速网络。

这种测试仪一般包括两部分：基座部分和远端部分。基座部分可以生成高频信号，这些信号可以模拟高速局域网设备发出的信号。

网络综合布线模型工程需要进行双绞线性能参数测试，简单的“能手”测线仪无法满足测试要求，需使用 Fluke DTX-1800 AP 电缆认证分析仪进行线缆认证测试。

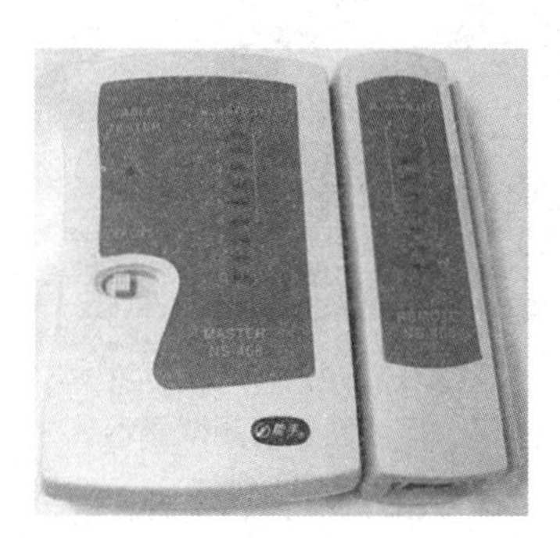

图 6-4 “能手”多功能网络电缆测试仪

图 6-5 Fluke DTX-1800 AP 电缆认证分析仪

4. 测试内容

对于不同级别的布线系统，测试模型、测试内容、测试方式和性能指标是不一样的。按照 TSB-67 标准要求，对于 5 类布线系统，在验证测试指标中有接线图、链路长度、衰减、近端串扰等四个性能指标。ISO 要求增加一项指标，即衰减串扰比 (ACR)。对于 5e 类标准，性能指标的数量没有发生变化，只是在指标要求的严格程度上比 TSB–95 高了许多；而到 6 类之后，这个标准已经面向 1000Base-TX 的应用，所以又增加了很多参数，如综合近端串扰、综合等效远端串扰、回波损耗、时延偏差等。这样，包括增补后的测试参数有接线图、布线链路及信道长度、近端串扰、综合近端串扰、衰减、衰减对串扰比、远端串扰及等电平远端串扰、传播时延、时延偏差、结构回波损耗、插入损耗、带宽、直流环路电阻等。

二、基本测试

基本测试包括：接线图测试、链路长度测试、连通性测试，基本测试为验证测试，即工程施工时边施工边测试。

1. 接线图测试

网络综合布线模型工程接线图如图 6-6 所示。

接线图测试可用以下三种方法进行测试。

① 人工观察测试：线端连接完成后，仔细检查线端连接顺序，连接顺序符合接线图顺序则接线正确。此方法不可靠，不能保证工程质量。

② 简单工具测试：把需要测试线缆接入“能手”网络测试仪，跳线直接插入测试仪两端接入口，链路可使用测试好的跳线连接为通路再接入测试仪。观察两端信号灯闪亮顺序是否一致，一致表示连接正确，不一致表示连接不正确。

③ 认证分析仪测试：使用 Fluke DTX-1800 AP 电缆认证分析仪 (线缆接入方法同简单测试仪接入方法相同) 测试，线缆认证分析仪可以精确测试线缆连接错误类型及错误原因。测试正确显示如图 6-7 所示。

2. 链路长度测试

链路长度测试可用人工测量和测试仪测量两种方法。

人工测量:使用长度测量工具进行测量,该方法适合路线、短连线测量,不适合远距离链路测量。

测试仪测试：Fluke DTX-1800 AP 可以直接测试线缆长度，测试线缆长度可直接显示在显示屏上。

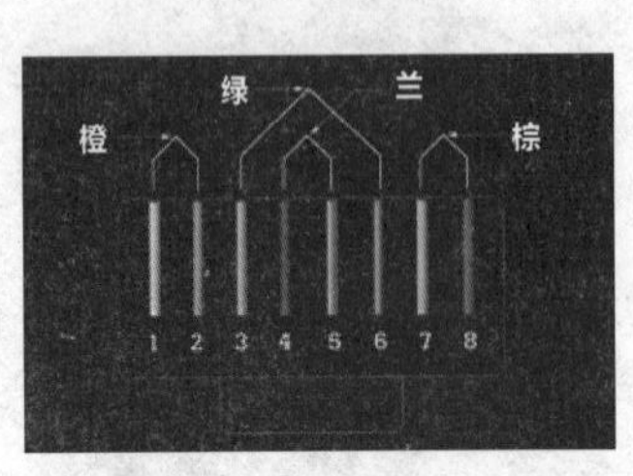

图 6-6 网络综合布线模型工程接线图

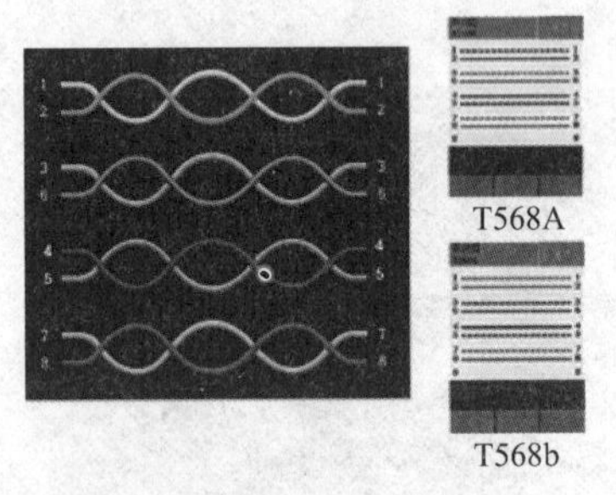

图 6-7 接线图正确测试显示

链路长度标准：跳线 <3 m；基本链路 <90 m；永久链路 <96 m，信道 <100 m。

3. 连通性测试

连通性测试为简单测试，在施工过程中每一个链路都必须进行，这里连通测试使用“能手”简单网络测试仪进行测试，测试方法见接线图简单工具测试。

三、双绞线性能测试

双绞线性测试包括近端串扰、综合近端串扰、衰减、衰减对串扰比、远端串扰及等电平远端串扰、传播时延、时延偏差、结构回波损耗、插入损耗、带宽、直流环路电阻等测试。

1. 测试

使用 Fluke DTX-1800 AP 测试进行如下。

（1）基准设置

将测试仪旋转开关转至 SPECIAL FUNCTIONS（特殊功能），并开启智能远端。

选中设置基准；然后按 Enter 键。如果同时连接了光缆模块及铜缆适配器，接下来选择链路接口适配器。

按 TEST 键。

（2）线缆类型及相关测试参数的设置

在用测试仪测试之前，需要选择测试依据的标准（北美、国际或欧洲标准等）、选择测试链路类型（基本链路、永久链路、信道）、选择线缆类型（3 类、5 类、5e 类、6 类双绞线，还是多模光纤或单模光纤）。同时还需要对测试时的相关参数（如测试极限、NVP、插座配置等）进行设置。

（3）连接被测线路

被测线路连接如图 6-8 所示。

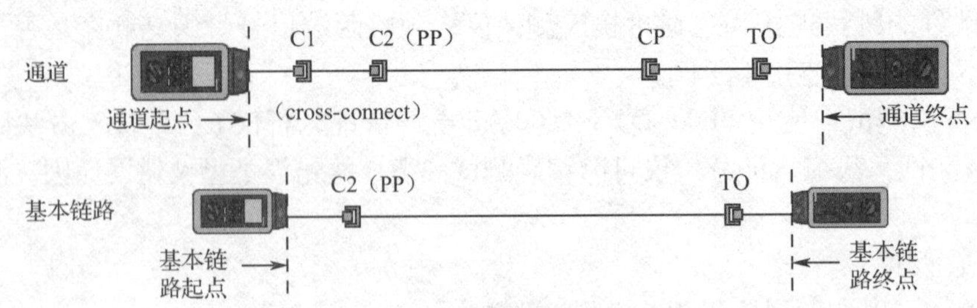

图 6-8 被测链路连接

（4）进行自动测试

将测试仪旋转开关转至“AUTOTEST（自动测试）”，开启智能远端，进行连接后，按测试仪或智能远端的 TEST 键，测试时，测试仪面板上会显示测试在进行中，若要随时停止测试，需按 EXIT 键。

（5）测试结果的处理（略）

（6）自动诊断

测试基本操作及诊断如图 6-9 所示。

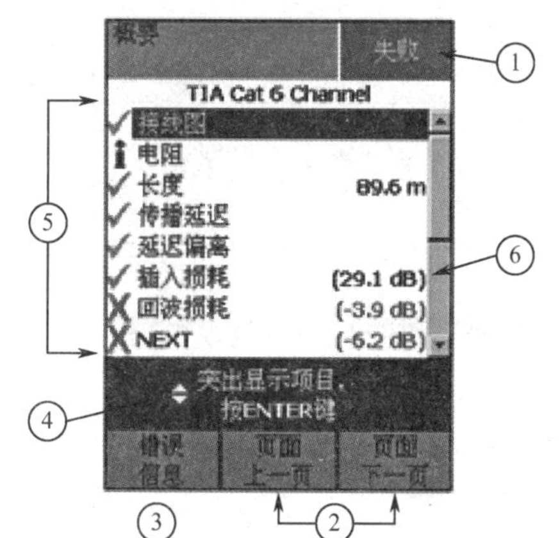

① 通过：所有参数均在极限范围内。
失败：有一个或一个以上的参数超出极限值。

② 按 F2 或 F3 键来滚动屏幕画面。

③ 如果测试失败，按 F1 键来查看诊断信息。

④ 屏幕画面操作提示。使用 ▼ ▲ 键来选中某个参数；然后按 home 键。

⑤ ✔：测试结果通过。
i：参数已被测量，但选定的测试极限内没有通过/失败极限值。
✕：测试结果失败。

⑥ 测试中找到最差余量。

图 6-9　测试基本操作及诊断

2. 测试注意事项

① 认真阅读测试仪使用操作说明书，正确使用仪表。

② 测试前要完成对测试仪、智能远端的充电工作并观察充电是否达到 80% 以上，中途充电可能导致已测试的数据丢失。

③ 熟悉现场和布线图，测试同时可对现场文档、标识进行检验。

④ 发现链路结果为失败时，可能有多种原因造成，应进行复测再次确认。

⑤ 测试仪存储的测试数据和链路数量有限，应及时将测试结果转存至计算机。

四、测试结果记录

1. Fluke DTX 测试报告

（1）测试报告的生成

使用 LinkWare 电缆测试管理软件管理 Fluke DTX 测试数据并生成测试报告的操作步骤：

① 安装 LinkWare 电缆测试管理软件。

② Fluke 测试仪通过 RS-232 串行接口或 USB 接口与 PC 相连

③ 导入测试仪中的测试数据，例如要导入 DTX-1800 电缆分析仪中存储的测试数据，则在 LinkWare 软件窗口中，选择 File → Import from → DTX-CableAnalyzer 命令

④ 导入数据后，可以双击某测试数据记录，查看该测试数据的情况。

⑤ 生成测试报告。测试报告有两种文件格式：ASCII 文本文件格式和 Acrobat Reader 的 .PDF 格式。

（2）评估测试报告

通过电缆管理软件生成测试报告后，要组织人员对测试结果进行统计分析，以判定整个综合布线工程质量是否符合设计要求。使用 Fluke LinkWare 软件生成的测试报告中会明确给出每条被

测链路的测试结果。如果链路的测试合格，则给出 PASS 的结论。如果链路测试不合格，则给出 FAIL 的结论。

2. 测试结果记录

根据测试结果记录网络综合布线模型工程测试如表 6-1 所示。

表 6-1 网络综合布线模型系统性能测试记录

工程名称	网络综合布线模型工程						编 号		01		
施工单位							测试日期		2018 年 11 月 12 日		
执行标准	GBT/T 50312-2007 ANSI-TIA-EIA-568-B						仪表型号		Fluke DTX-1800 AP		
序号	编号			内 容							
				电 缆 系 统						光缆系统	
	点编号	房间号	设备号	长度	接线	衰减	近端串音（2 端）	电缆屏蔽层连通情况	其他项目	衰减	长度
1	1-01		1	8	2	0	00 / 001	完好			
2	102		1	7	2	0	00 / 001	完好			
3	1-03		1	6	2	0	00 / 001	完好			
…	…										
测试结果	完全测试；网络综合布线每一个端口全部合格，连通性，长度要求、衰减抗扰等符合要求										
结论	经检验，符合设计要求及智能建筑工程质量验收规范 GBT/T 50312　ANSI-TIA-EIA-568-B 规定										
监理工程师 （建设单位代表）：		施工技术 负 责 人：					施 工 质检员：		记录人：		

相关知识

一、网络综合布线测试技术参数

综合布线的双绞线链路测试中，需要现场测试的参数包括接线图、长度、传输时延、插入损耗、近端串扰、综合近端串扰、回波损耗、衰减串扰比、等效远端串扰和综合等效远端串扰等。下面介绍比较重要的几个参数。

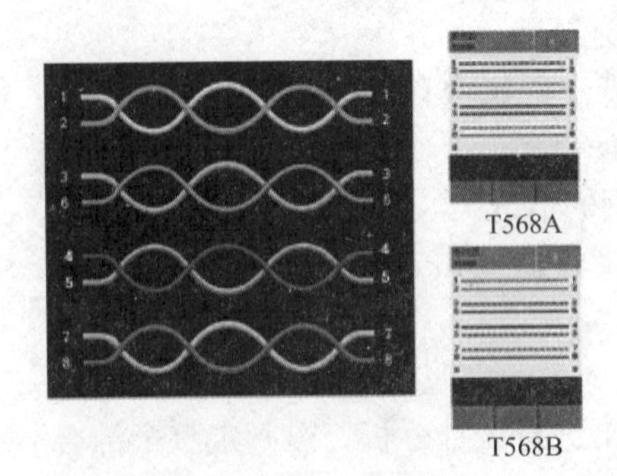

图 6-10 正确接线

1. 接线图

图 6-10 所示为正确接线的测试结果。

图 6-11 ～图 6-14 所示为几种不正确接线。

2. 长度

长度表征被测双绞线的实际长度。测量双绞线长度时，通常采用时域反射测试技术，即测量信号在双绞线中的传输时间

延时，再根据设定的信号速度计算出长度值。

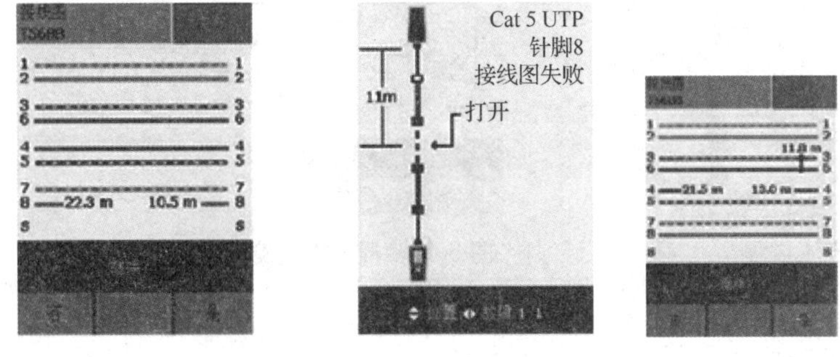

图 6-11　开路

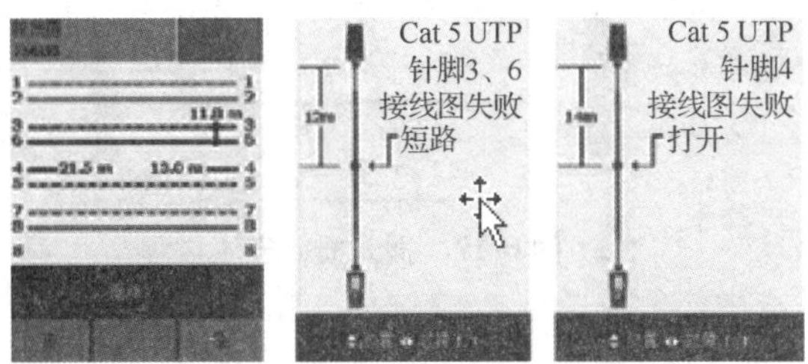

图 6-12　短路

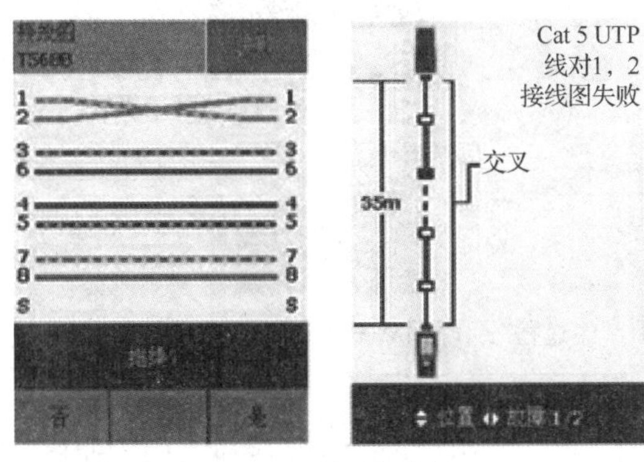

图 6-13　反接（交叉）

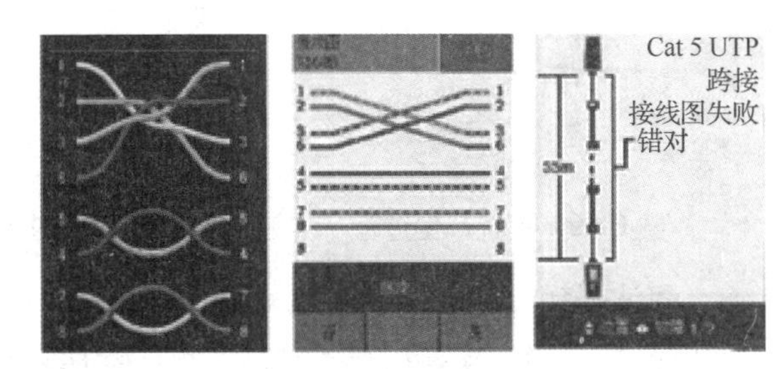

图 6-14　跨接（错对）

3. 传输时延

传输时延表征被测双绞线的信号在发送端发出后到达接收端所需要的时间，最大值为 555 ns；图 6-15 描述了信号的发送过程，图 6-16 描述了测试结果，从中可以看到不同线对的信号是先后到达对端的。

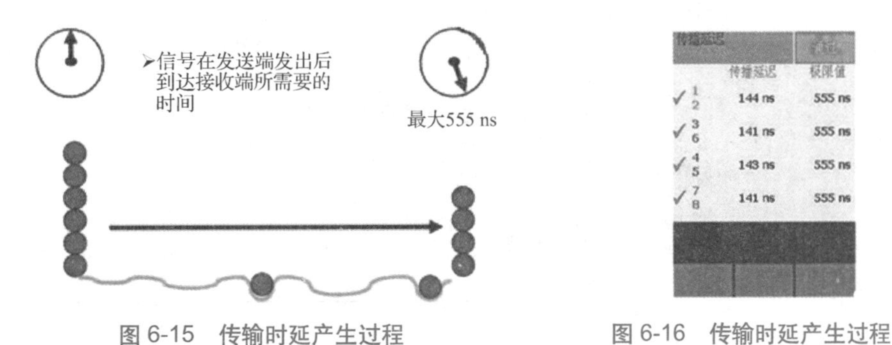

图 6-15　传输时延产生过程　　图 6-16　传输时延产生过程

4. 衰减或者插入损耗

衰减或者插入损耗表征链路中传输所造成的信号损耗（以分贝 dB 表示）。插入损耗产生过程、插入损耗测试结果如图产 6-17、图 6-18 所示。

5. 串扰

串扰是测量来自其他线对泄露过来的信号，如图 6-19 所示。

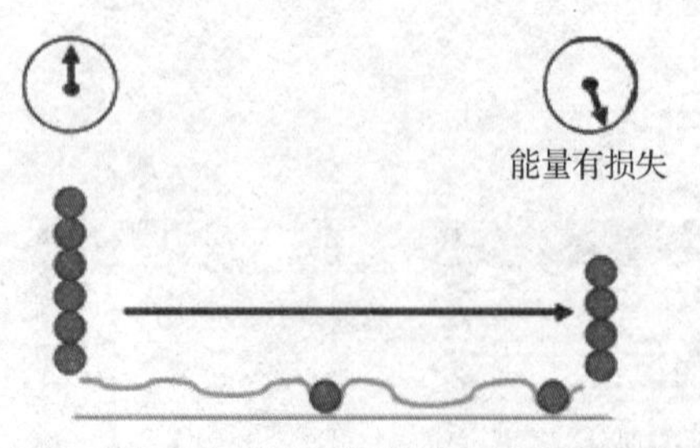

图 6-17　插入损耗产生过程

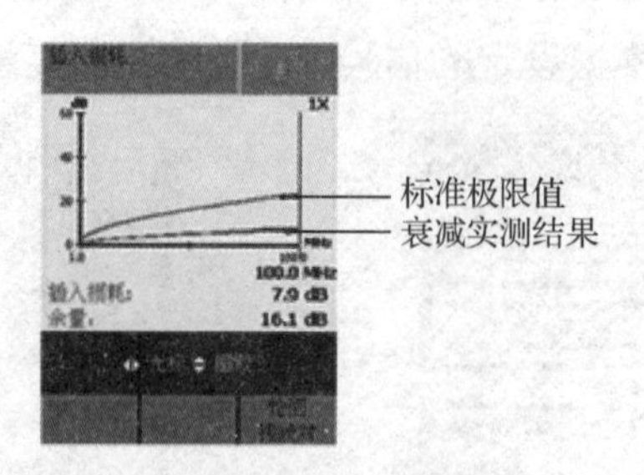

图 6-18　插入损耗测试结果

NEXT 是频率的复杂函数，其产生过程如图 6-20 所示。

NEXT 的测试结果如图 6-21 所示。

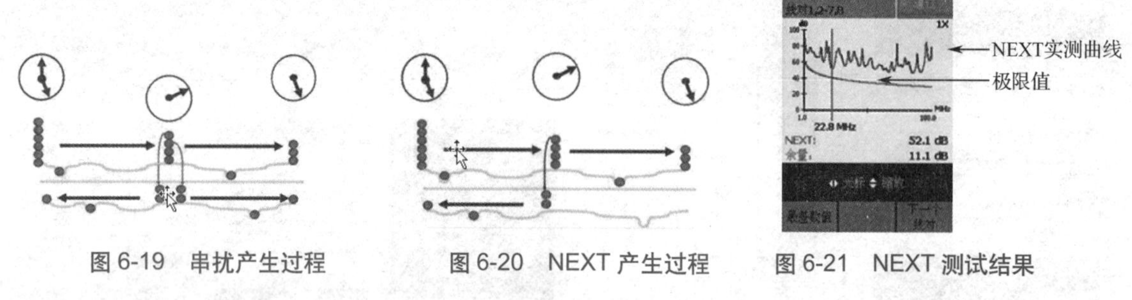

图 6-19　串扰产生过程　　图 6-20　NEXT 产生过程　　图 6-21　NEXT 测试结果

6. 回波损耗

回波损耗是由于缆线阻抗不连续 / 不匹配所造成的反射，产生原因是特性阻抗之间的偏离，体现在缆线的生产过程中发生的变化、连接器件和缆线的安装过程，如图 6-22 所示。回波损耗的影响图如图 6-23 所示。

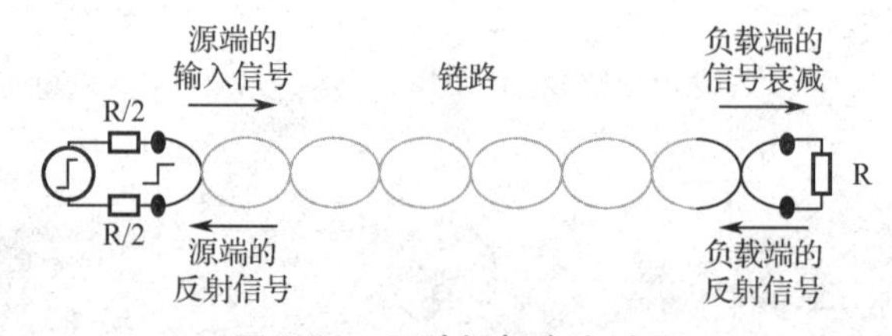

图 6-22　回波损耗产生过程

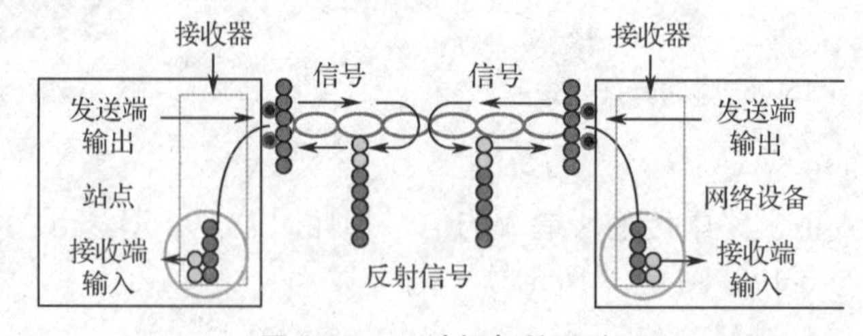

图 6-23　回波损耗的影响

7. 衰减串扰比

衰减串扰比（ACR），类似信号噪声比，用来表征经过衰减的信号和噪声的比值，ACR=NEXT值 – 衰减，数值越大越好。图 6-24 描述了 ACR 的产生过程，我们需要衰减过的信号（蓝色、粉色）比 NEXT（灰色）多。

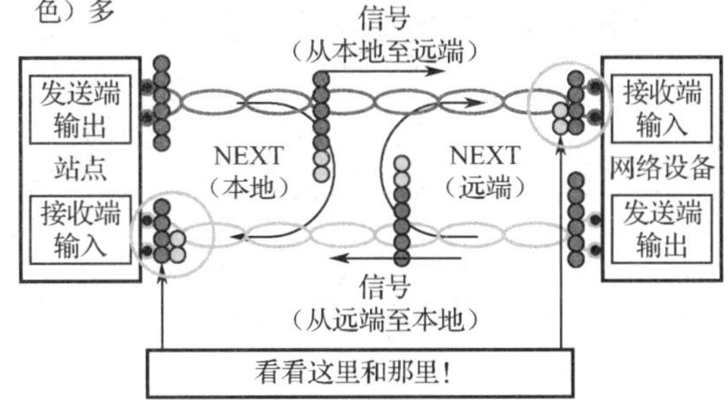

图 6-24 ACR 的产生过程

二、网络综合布线测试错误分析

1. 接线图

接线图测试未通过的可能原因有：

① 双绞线电缆两端的接线线序不对，造成测试接线图出现交叉现象。

相应的解决问题的方法：对于双绞线电缆两端端接线序不对的情况，可以采取重新端接的方式来解决。

② 双绞线电缆两端的接头有断路、短路、交叉、破裂的现象。

相应的解决问题的方法：对于双绞线电缆两端的接头出现的短路、断路等现象，首先应根据测试仪显示的接线图判定双绞线电缆的哪一端出现了问题，然后重新端接。

③某些网络特意需要发送端和接收端跨接，当测试这些网络链路时，由于设备线路的跨接，测试接线图会出现交叉。

相应的解决问题的方法：对于跨接问题，应确认其是否符合设计要求。

2. 长度

链路长度测试未通过的可能原因有：

① 测试 NVP 设置不正确。

相应的解决问题的方法：可用已知的电缆确定并重新校准测试仪的 NVP。

② 实际长度超长，如双绞线电缆信道长度不应超过 100 m。

相应的解决问题的方法：对于电缆超长问题，只能重新布设电缆来解决。

③ 双绞线电缆开路或短路。

相应的解决问题的方法：对于双绞线电缆开路或短路的问题，首先要根据测试仪显示的信息，准确地定位电缆开路或短路的位置，然后重新端接电缆。

3. 串扰

近端串扰测试未通过的可能原因有：

① 双绞线电缆端接点接触不良。

相应的解决问题的方法：对于接触点接触不良的问题，经常出现在模块压接和配线架压接方面，因此应对电缆所端接的模块和配线架进行重新压接加固。

② 双绞线电缆远端连接点短路。

相应的解决问题的方法：对于远端连接点短路问题，可以通过重新端接电缆来解决。

③ 双绞线电缆线对纽绞不良。

相应的解决问题的方法：对于双绞线电缆在端接模块或配线架时，线对纽绞不良，则应采取重新端接的方法来解决。

④ 存在外部干扰源影响。

相应的解决问题的方法：对于外部干扰源，只能采用金属线槽或更换为屏蔽双绞线电缆的手段来解决。

⑤ 双绞线电缆和连接硬件性能问题，或不是同一类产品。

相应的解决问题的方法：对于双绞线电缆和连接硬件的性能问题，只能采取更换的方式来彻底解决，所有线缆及连接硬件应更换为相同类型的产品。

4. 衰减

衰减测试未通过的可能原因有：

① 双绞线电缆超长；采取更换电缆的方式来解决。

② 双绞线电缆端接点接触不良；采取重新端接的方式来解决。

③ 电缆和连接硬件性能问题，或不是同一类产品；采取更换的方式来彻底解决，所有线缆及连接硬件应更换为相同类型的产品。

④ 现场温度过高。

三、光纤传输通道测试

1. 光纤链路测试技术参数

（1）水平光缆链路

水平光纤链路从水平跳接点到工作区插座的最大长度为 100 m，它只需 850 nm 和 1300 nm 的波长，要在一个波长单方向进行测试。

（2）主干多模光缆链路

① 主干多模光缆链路应该在 850 nm 和 1 300 nm 波段进行单向测试，链路在长度上有如下要求：

从主跳接到中间跳接的最大长度是 1 700 m；

从中间跳接到水平跳接最大长度是 300 m；

从主跳接到水平跳接的最大长度是 2 000 m。

② 主干单模光缆链路应该在 1 310 nm 和 1 550 nm 波段进行单向测试，链路在长度上有如下要求：

从主跳接到中间跳接的最大长度是 2 700 m；

从中间跳接到水平跳接最大长度是 300 m；

从主跳接到水平跳接的最大长度是 3 000 m。

2. 光纤链路衰减

必须对光纤链路上的所有部件进行衰减测试，衰减测试就是对光功率损耗的测试，引起光纤链路损耗的原因主要有：

① 材料原因：光纤纯度不够和材料密度的变化太大。

② 光缆的弯曲程度：包括安装弯曲和产品制造弯曲问题，光缆对弯曲非常敏感，如果弯曲半径大于 2 倍的光缆外径，大部分光将保留在光缆核心内，单模光缆比多模光缆更敏感。

③ 光缆接合以及连接的耦合损耗：这主要由截面不匹配、间隙损耗、轴心不匹配和角度不匹配造成。

④ 不洁或连接质量不良：主要由不洁净的连接，灰尘阻碍光传输，手指的油污影响光传输，不洁净光缆连接器等造成。

对于光纤链路衰减，应注意以下几点：

① 布线系统所采用光纤的性能指标及光纤信道指标应符合设计要求。

② 光缆布线信道在规定的传输窗口测量出的最大光衰减应不超过规定。

③ 插入损耗是指光发射机与光接收机之间插入光缆或元器件产生的信号损耗，通常指衰减。光纤链路的插入损耗极限值可用以下公式计算：

光纤链路损耗 = 光纤损耗 + 连接器件损耗 + 光纤连接点损耗

光纤损耗 = 光纤损耗系数 (dB/km) × 光纤长度 (km)

连接器件损耗 = 连接器件损耗 / 个 × 连接器件个数

光纤连接点损耗 =（光纤连接点损耗 / 个）× 光纤连接点个数

3. 光纤测试设备

光纤测试设备有：

① 红光笔；

② 光纤识别仪和故障定位仪；

③ 光功率计；

④ 光纤测试光源；

⑤ 光纤测试实训仪；

⑥ 光时域反射仪。

4. 光纤传输通道的测试方法

（1）连通性测试

连通性测试是最简单的测试方法，只需在光纤一端导入光线（如红光笔），在光纤的另外一端看看是否有光闪即可。连通性测试的目的是为了确定光纤中是否存在断点，通常在购买光缆时采用这种方法进行测试。

（2）端 - 端损耗测试

端 - 端的损耗测试采取插入式测试方法，使用一台光功率计和一个光源，先在被测光纤的某个位置作为参考点，测试出参考功率值，然后再进行端 - 端测试并记录下信号增益值，两者之差即为实际端到端的损耗值。用该值与标准值相比就可确定这段光缆的连接是否有效。

（3）收发功率测试

收发功率测试是测定布线系统光纤链路的有效方法，使用的设备主要是光功率计和一段跳接线。在实际应用情况中，链路的两端可能相距很远，但只要测得发送端和接收端的光功率，即可判定光纤链路的状况。

（4）反射损耗测试

反射损耗测试是光纤线路检修非常有效的手段。它使用光纤时间区域反射仪 (OTDR) 来完成测试工作，基本原理就是利用导入光与反射光的时间差来测定距离，如此可以准确判定故障的位置。OTDR 将探测脉冲注入光纤，在反射光的基础上估计光纤长度。OTDR 测试适用于故障定位，特别是用于确定光缆断开或损坏的位置。OTDR 测试文档对网络诊断和网络扩展提供了重要数据。

任务测评

姓名		学号		分值	自评	互评	师评
序号	观察点	评分标准					
1	学习态度	遵守纪律		2			
		学习积极性、主动性		3			
2	学习方法	明确任务		2			
		认真分析任务，明确需要做什么		3			
		按任务实施完成了任务		3			
		认真学习了相关知识		2			
3	技能掌握情况	编制测试方案		10			
		简单验证测试技术		15			
		使用测试仪进行认证测试		15			
		编写测试报告		10			
4	知识掌握情况	测试概念		5			
		测试技术参数		10			
		测试错误分析		5			
5	职业素养	团队关系融洽		3			
		协商、讨论并解决问题		2			
		互相帮助学习		2			
		做好 5S（整理、整顿、清理、清洁、自律）		3			

任务二　网络综合布线模型工程验收

任务描述

网络综合布线系统工程经过设计、施工阶段最后进入测试、验收阶段，工程验收全面考核工程的建设工作，检验设计质量和工程质量，是施工单位向用户移交的正式手续。本任务是对网络综合布模型工程验收。

任务分析

综合布线工程的验收是一项系统性的工作，它不仅包含利用各类测试仪进行的现场认证测试，同时还应包括对施工环境，设备质量及安装工艺，电缆、光缆在建筑物内及建筑物之间的布放工艺，缆线终接，竣工技术文件等众多项目的检查验收。综合布线工程验收工作实际上是贯穿于整个施工过程中的，而不只是布线工程竣工后的工程电气性能测试及验收报告。网络综合布模型工程验收主要工作包括：制定工程验收方案、工程验收、出具工程验收报告。

任务实施

一、制定工程验收方案

1．验收的依据和原则

（1）验收的依据

综合布线模型工程验收主要依据中华人民共和国国家标准 GB 50312—2016《综合布线系统工程验收规范》中描述的项目和测试过程进行。具体的验收实施还应该严格按照下列规定进行：

综合布线系统缆线链路的电气性能验收测试，应按 YD/T 1013—1999《综合布线系统电气特性通用测试方法》中的规定进行。

在实际综合布线系统的施工和验收中，如遇到上述各种规范未包括的技术标准和技术要求，为了保证验收的进行，可按其他相关设计规范和设计文件的要求进行。

（2）验收的原则

综合布线系统的工程验收是一项严肃的工作，在整个工程验收过程中，参与单位和人员都应以严肃认真、慎重负责的态度来对待。为此，要求所有参与工程验收的人员都要有公正、客观的思想和工作作风，并坚持以下原则。

① 实事求是的原则。

工程验收的内容极为广阔，既有技术观点上的争论，也有经费上的计较，有时会涉及经济合同和具体管理的内容，直接影响单位的经济效益，甚至个人利益，产生分歧和争论是难免的。为此，要坚持实事求是的原则，妥善解决工程中的问题。

② 理论结合实际的原则。

在工程验收时，对出现的问题要认真分析找出原因，采取切实有效的办法解决。但必须注意结合国情民意，符合工程实际，真正做到理论联系实际，切忌盲目崇拜、好高骛远，脱离国内现实情况。

③ 局部服从整体的原则。

在工程验收时出现分歧或矛盾的现象是难免的，也是正常的，有时某些经济效益会使某一方的利益受损，产生无休止的争论，使验收无法正常进行。因此，要顾全大局，做到求大同存小异，坚持局部服从整体的原则，力求充分协商、通情达理、友好地处理争端，妥善解决问题。

④ 互相配合、友好协作的原则。

综合布线系统工程验收的前后，尤其是验收以后需要做的工作不少，有些事情可能追溯到工程前期工作，也有可能涉及今后的维护运行，必然会要求有关单位之间（如建设单位要求施工单位做善后服务等）相互配合。为此，各方都要本着大力协作、互相配合、彼此支持的原则，以综合协调、彼此谅解、互相帮助的精神去处理以往的矛盾和目前遗留的问题。

2. 验收的方法、内容和过程

(1) 验收的方法

工程验收是工程建设程序的一个重要环节，是全面考察、检验和评估工程质量的重要手段。施工单位必须从工程的总体观念出发，对综合布线系统工程中的每个部分，从质量、性能、功能、安全等各方面进行认真细致、全面可靠的自检和互检，并通过监理单位的随工监督和验收，保证良好的工程质量，不留后患，做好工程验收、交接和收尾工作。

验收工作并不是必须在工程结束后才能进行，有些验收内容必须在施工过程中进行，如隐蔽工程、暗敷槽道或管路、穿放或牵引缆线等。不同的工程项目和内容其验收方法也不同，一般有随工验收（又称随工检验）和工程竣工检验（又称工程验收）两种方法。在网络综合布线模型工程施工过程中，应将检查验收工作贯穿始终，以便及时发现不合格的项目，尽快查明原因，找到解决方法，避免造成严重的损失。网络综合布线模型工程验收工作应从工程开工之日起直到竣工持续进行，是一个连续积累的工作过程，对每道工序都应随时随地进行检验，最后的工程验收是对已竣工项目可见部分的验收和对以往施工过程中已验收部分的确认。

① 随工验收

随工验收主要用于综合布线系统工程中具有隐蔽性的工程或施工工序处随时随地需进行检验的项目，以防不合格的施工结果被掩盖，成为隐患。在工程建设过程中采取随工验收时，要求监理单位的随工检验人员认真地做好随工记录，对当时的施工质量状况，应如实记载，以便今后查考。

② 工程竣工检验

工程竣工检验分两个阶段进行，分别是预先检验（或称预先验收、初步检验）和工程验收（又称正式验收）。预先检验是由建设单位或监理单位组织人员到工程现场检查和了解工程实际情况和有关资料，又称初步检查（或初步检验）。只有预先验收合格，才能组织工程的正式验收。进行预先检验的内容主要是各种竣工资料、图，以及随工检验记录单。如检查技术资料所列数据、文字和图表之间有无矛盾或脱节，内容是否完整、与工程实际是否相符；资料的编排是否科学有序，文字和图样是否清楚；资料编号是否符合标准规定和科学合理。预先检验合格后，建设单位（也可委托监理单位）就可邀请设计单位和施工单位一起进行正式验收。

正式验收工作主要有以下几点：

a. 检查施工材料是否按方案规定的要求购买。

b. 检查各个项目是否符合防火、安全要求。

c. 检查设备安装是否规范、是否符合国家标准。如机柜安装的位置是否正确，型号与外观是否符合要求；跳线制作是否规范，配线面板的接线是否美观整洁；各种标志是否齐全。

d. 检查双绞线电缆安装是否规范。主要检查：线槽安装位置是否正确；线缆规格与标号、路由是否正确。

e. 对综合布线系统工程的某些局部段落或关键环节或某些部件进行抽查检测。

f. 对于不符合标准要求的部位，应确定采取的补救或完善措施，并限期保质完成。必要时，应提请复验，也可对整个工程的全程再次进行系统试验检查。

(2) 验收的内容

① 设备安装情况检查

a. 设备机架检查。

- 检查设备机架的规格、外观是否符合要求。
- 检查设备机架是否符合要求。
- 检查设备标牌、标志是否齐全。
- 各种附件是否安装，螺钉连接件等是否牢固、无松动。
- 防震措施是否可靠。
- 防雷、接地是否有效可靠。

b. 信息插座检查。

- 检查信息插座的质量、规格、安装位置是否符合要求。
- 各种连接部分是否拧紧。
- 各种标志、标牌是否齐全。
- 屏蔽措施的安装是否符合要求。

② 电缆的布放检查

检查电缆及线槽的安装位置、牢固程度是否符合工艺要求，附件配套是否齐全，接地措施是否齐备良好。

检查各种缆线敷设位置是否正确、敷设操作是否符合工艺要求，缆线的规格、长度是否均符合设计要求。

③ 缆线终端的检查

缆线终端包括通信引出端、配线模块各类跳线等。其检查一般采用随工验收方法，主要检查信息插座、配线模块、各类跳线的布放等是否符合工艺要求。

④ 系统测试

电气性能测试：主要检查接线图是否正确无误且符合标准规定；布线长度是否满足布线链路性能要求；衰减和近端串扰等性能测试结果是否符合标准规定。

系统接地检验：主要是检验系统接地是否符合设计要求。

网络综合布线模型工程验收相关要求如表 6-2 至表 6-5 所示。

表 6-2　施工质量验收

编号	项目	要求	方法	检查结果		
				合格	基本合格	备注
1	安装位置（方向）	合理，有效	现场抽查观察			
2	安装质量（工艺）	牢固、整洁、美观、规范	现场抽查观察			
3	线缆连接	通信线缆一线到位，接插件可靠，电源线与信号线、控制线分开，走向顺直，无扭绞	复核、抽查或对照图纸资料			
4	通电	工作正常	现场通电检查			
5	设备、机架	安装平稳、合理	现场观察体会			
6	开关、按钮	灵活、安全	现场观察询问			
7	机架电缆线扎及标识	整齐，有明显编号、标识	现场观察			
8	电源引入线缆标识	引入线端标识明显、牢靠	现场观察			
9	明敷管线	牢固美观、无抗干扰	现场观察			
10	接线盒、线缆接头	垂直与水平交叉处有分线盒，线缆安装固定、规范	现场观察			

表 6-3 技术验收

序号	检查项目	检查结果		
		合格	基本合格	备注
1	系统主要技术性能			
2	设备配置完整			
3	综合布线规格型号，品牌数量			
4	供电保障			
5	综合布线系统集成功能			
6	网络信息点传输抽查			
7	机柜配置			
8	综合布线逻辑			
9	字符标识			
10	数据传输			

表 6-4 工程设备材料数量验收

序号	设备名称	规格描述	单位	安装数量	验收结果（√）
1	24U 机柜	600 mm × 600 mm × 1 200 mm	台	1	
2	UTP4 对双绞线	超 5 类非屏蔽	米	100	
3	8 位模块式信息插座	超 5 类非屏蔽免打模块	块	9	
4	插座面板	双口面板	块	40	
5	信息模块	超 5 类非屏蔽打线模块	套	40	
6	RJ45 水晶头	超 5 类非屏蔽	盒	4	
7	网络配线架	超 5 类 24 口非屏蔽固定端口	块	1	
8	塑料线槽	20 mm × 25 mm	条	5	
9	塑料线槽	20 mm × 35 mm	条	4	
10	信息底盒	86 mm × 86 mm	个	80	
11	交换机	24 口	台	3	
12	交换机层	25 口	台	1	
13	网线跳线	超 5 类 2 m 非屏蔽	根	24	
14	扎带	15 cm	根	100	
15	高压胶带		卷	4	

表 6-5 验收结论汇总

施工验收结论		验收人签名： 年 月 日
技术验收结论		验收人签名 年 月 日
工程设备材料数量验收结论		验收人签名： 年 月 日

续表

验收结论	验收单位 签章 年 月 日
验收小组领导签名： 年 月 日	

二、工程验收

1. 验收准备

具体工作如下：

① 施工单位按承包施工合同的约定，根据工程设计、施工图样的要求，对综合布线系统工程的各项内容均已全部施工完毕，并进行现场清理，汇总各种剩余材料，把剩余材料集中放置一处妥善保管并清点入账，保持现场清洁、美观，并编写工程验收计划。

② 成立工程验收小组。施工单位应成立综合布线模型工程验收小组，其组成人员有工程施工负责人、项目主管、工程项目监理人员、设计施工单位的相关技术人员、第三方验收机构或相关技术人员。

③ 汇总和收集工程资料及有关的文件记录，组织编制竣工资料。

2. 进行工程验收

完成以上验收准备工作后，建设单位、施工单位、设计单位根据具体的项目要求采用多种验收方法对工程项目进行验收，并填写工程验收表格。

三、出具工程验收报告

网络综合布线模型工程验收报告

1. 工程概况

本工程为网综合布线模型工程，本次施工是在墙面模拟三层工作区实现网络模型系统工程，信息点为 9 个。

2. 工程项目内容

网络综合布线模型系统是在地面（或墙面）设计三层（模拟楼层，如图 4-1）作为三个不同的工作区，每个工作区布置三个信息点，在一个 24 U 的机柜上部安装三个交换机分别作为三个工作区的管理间，在下部安装一个交换机作为设备间（见图 4-2），管理间与设备间通过配线架的链路连接作为垂直子系统。

本工程于 2018 年 9 月 26 日开工，工程中主干网由高速千兆位主干以太网组成，网络分布呈星状拓扑结构，水平布线子系统采用百兆位主干网络、10/100 Mbit/s 自适应到桌面网络方案。综合布线部分包括水平线槽安装（安装在综合楼各教室天花上）；超 5 类双绞线布放（布放 9 条）；底合安装（安装 9 个）；网络面板安装（安装 9 套）；主干线缆布放（布放 3 条）；机柜安装共 1 个，（安装在 3 楼中央机房 42U 落地式机柜、其他 9U 挂墙式分机柜安装在楼层办公室内）；配线架安装（共 1 个：超 5 类 24 口配线架 1 个、1U 绕线架 1 个）；配线架线缆端接（12 条）；模块端接 9 个；超 5 类线缆测试 16 条。

3. 项目组织

建设项目名称：网络综合布线模型系统工程。

建设单位名称：(略)

监理单位名称：(略)

施工单位名称：(略)

4. 竣工文档

这里仅列出验收文档作为示例，实际工程中竣工文档包括：交工技术文档、验收技术文档、工程管理文档及竣工图纸等。

(1) 施工质量验收文档

施工质量验收文档如表 6-6 所示。

表 6-6 施工标准规范验收

编号	项目	要 求	方法	检查结果		
				合格	基本合格	备注
1	安装位置（方向）	合理，有效	现场抽查观察	✓		
2	安装质量（工艺）	牢固、整洁、美观、规范	现场抽查观察	✓		
3	线缆连接	通信线缆一线到位，接插件可靠，电源线与信号线、控制线分开，走向顺直，无扭绞	复核、抽查或对照图纸资料	✓		
4	设备、机架	安装平稳、合理	现场观察体会	✓		
5	开关、按钮	灵活、安全	现场观察询问	✓		
6	机架电缆线扎及标识	整齐，有明显编号、标识	现场观察	✓		
7	电源引入线缆标识	引入线端标识明显、牢靠	现场观察	✓		
8	明敷管线	牢固美观	现场观察	✓		
9	线缆接头	线缆安装固定、规范	现场观察	✓		

(2) 技术验收文档

技术验收文档如表 6-7 所示。

表 6-7 技术验收

序号	检查项目	检查结果		
		合格	基本合格	备注
1	系统主要技术性能	✓		
2	设备配置完整	✓		
3	综合布线规格型号，品牌数量	✓		
4	供电保障	✓		
5	综合布线系统集成功能	✓		
6	网络信息点传输抽查	✓		
7	机柜配置	✓		
8	字符标识		✓	
9	数据传输	✓		

(3) 工程设备材料验收文档

工程设备材料验收文档如表 6-8 所示。

表 6-8　工程设备材料验收

序号	设备名称	规格描述	单位	安装数量	验收结果（√）
1	24U 机柜	唯众	台	1	√
2	UTP4 对双绞线	超 5 类非屏蔽	m	100	√
3	8 位模块式信息插座	超 5 类非屏蔽免打模块	块	9	√
4	插座面板	双口面板	块	40	√
5	信息模块	超五类非屏蔽打线模块	套	40	√
6	RJ45 水晶头	超五类非屏蔽	盒	4	√
7	网络配线架	超五类非屏蔽 24 口固定式端口配线架	块	1	√
8	塑料线槽	20*25	条	5	√
9	塑料线槽	20*35	条	4	√
10	信息底盒	86*86mm	个	80	√
11	交换机	24 口	台	3	√
12	交换机层	25 口	台	1	√
13	网线跳线	超五类 2 米非屏蔽	根	24	√
14	扎带	15cm	根	100	√
15	高压胶带		卷	4	√

(4) 验收结论

验收结论如表 6-9 所示。

表 6-9　验收结论

施工验收结论	合格	验收人签名： ××× 2018 年 11 月 28 日
技术验收结论	合格	验收人签名 ××× 2018 年 11 月 28 日
工程设备材料数量验收结论	合格	验收人签名： ××× 2018 年 11 月 28 日
验收结论	已完成合同约定的各项内容，工程质量符合有关法律、法规和工程建设强制性标准，验收技术指标合格。 工程验收结论：合格。 验收单位　签章　　2018 年 11 月 30 日	

验收小组领导签名：×××

同意验收结论

2018 年 11 月 30 日

网络综合布线系统工程文档

工程文档是项目工程过程中各种技术规范、管理、实施的记录，它是工程规范实施、工程验收的依据，也是工程完工后工程服务、管理、更新的重要依据。

网络综合布线系统主要工程文档如表 6-10 所示。

表 6-10　×× 综合布线工程工程文件目录

工程名称：××××××× 网综合布线工程

序号	类别	文件标题名称	页数	备注
1	交工技术文件	工程说明		
2		开工报告		
3		施工组织设计方案报审表		
4		开工令		
5		材料进场记录表		
6		设备进场记录表		
7		设计变更报告		
8		工程临时延期申请表		
9		工程最终延期审批表		
10		隐蔽工程报验申请表		
11		工程材料报审表		
12		工程材料审批表		
13		安装工程量总表		
14		重大工程质量事故报告		
15		工程交接书（一）		
16		工程交接书（二）		
17		工程竣工初验报告		
18		工程验收终验报告		
19		工程验收证明书		
20	验收技术文件	安装设备清单		
21		设备安装工艺检查情况表		
22		综合布线系统线缆穿布检查记录表		
23		信息点抽检电气测试验收记录表		
24		综合布线光纤抽检测试验收记录表		
25		综合布线系统机柜安装检查记录表		
26	施工管理	项目联系人列表		
27		管理结构		
28		施工进度表		

续表

序号	类别	文件标题名称	页数	备注
29	竣工图纸	综合布线信息点布放图		
30		综合布线桥架走向图		
31		系统图		
32		平面布线图		
33		楼层布线图		
34		竖井布线图		
35		楼层配线架标识图		

工程文档一般用图和表格体现，网络综合布线工程文档并没有严格统一规范常用网络综合布线工程文档读者可通过 Internet 搜索获取。

任务测评

姓名		学号		分值	自评	互评	师评
序号	观察点	评分标准					
1	学习态度	遵守纪律		2			
		学习积极性、主动性		3			
2	学习方法	明确任务		2			
		认真分析任务，明确需要做什么		3			
		按任务实施完成了任务		3			
		认真学习了相关知识		2			
3	技能掌握情况	编制验收方案		15			
		进行验收		20			
		制作验收文档、验收报告		20			
4	知识掌握情况	验收标准		5			
		验收内容		10			
		验收相关文档		5			
5	职业素养	团队关系融洽		3			
		协商、讨论并解决问题		2			
		互相帮助学习		2			
		做好 5S（整理、整顿、清理、清洁、自律）		3			

项目总结

本项目通过网络综合布线模型工程测试和验收介绍了网络综合布线工程测试、验收要求和方法。包括编制网络综合布线工程测试、验收方案；使用常用测试工具进行测试、分析测试结果及进行网络综合布线工程验收、编制验收文档等。通过相关知识介绍了网络综合布线测试技术参数、测试错误及相应处理方法和网络综合布线工程管理常用文档。

自我测评

一、填空题

1. 网络综合布线工程验收分为__________验收、__________验收和__________验收三个阶段。

2. 在布线工程施工前，首先要确定工程的施工流程，包括__________、__________、__________及__________。

3. 项目经理的工作具体包括__________、__________、__________、__________、__________及__________。

4. 网络综合布线工程项目质量管理一般分成3个主要过程：__________、__________和__________。

5. 网络综合布线工程项目质量管理包括对________、________、________和________的管理。

二、选择题

6.（　　）是沿链路的信号耦合度量。

A. 衰减　B. 回波损耗　C. 串扰　D. 传输延迟

7. 下列参数中，（　　）不是描述光纤通道传输性能的指标参数。

A. 光缆衰减　B. 光缆波长窗口参数　C. 回波损耗　D. 光缆芯数

8. 下列有关电缆认证测试的描述，不正确的是（　　）。

A. 认证测试主要是确定电缆及相关连接硬件和安装工艺是否达到规范和设计要求

B. 认证测试是对通道性能进行确认

C. 认证测试需要使用能满足特定要求的测试仪器并按照一定的测试方法进行测试

D. 认证测试不能检测电缆链路或通道中连接的连通性

9. 下列有关验收的描述中，不正确的是（　　）。

A. 综合布线系统工程的验收贯穿了整个施工过程

B. 布线系统性能检测验收合格，则布线系统验收合格

C. 竣工总验收是工程建设的最后一个环节

D. 综合布线系统工程的验收是多方人员对工程质量和投资的认定

10. 有一个公司，每个工作区须要安装2个信息插座，并且要求公司局域网不仅能够支持语音/数据的应用，而且应支持图像、影像、影视、视频会议等，对于该公司应选择（　　）等级的综合布线系统。

A. 基本型综合布线系统　B. 增强型综合布线系统

C. 综合型综合布线系统　D. 以上都可以

三、思考题

11. 综合布线工程项目组的成员包括哪些？

12. 网络综合布线工程验收步骤分几步？分别是什么？

13. 国内网络综合布线工程验收方式有哪些？

14. 简述网络综合布线工程验收判断方法。

15. 简要说明工程竣工文档应包括哪些文档？